아빠 육아로 달라지는 아이의 행복

아빠 육아로 달라지는 아이의 행복

김태형 지음

마음세상

들어가기
하늘이 내려주신 선물

지난 7월, 서원이의 만 10살 생일을 치렀다. 서원이도 이제 내년에는 초등학교 5학년이 된다. 요즘은 어디를 가나 사진을 많이 찍지만, 예전처럼 앨범을 만들어 간직하지는 않는 거 같다. 아마도 핸드폰으로 찍는 사진이 너무 흔하고 쉬운 데다가 사진을 인화하면 돈이 들어가기 때문이기도 하다. 서원이도 5살 때까지는 그런대로 앨범이 있었지만, 그 이후로는 거의 사진으로는 발자취를 찾을 수가 없다. 대신 온라인 서버와 핸드폰 하드에 나름대로 저장을 해두었지만, 앨범을 펴보면서 그때의 추억을 소환하는 재미는 아쉽게도 없어졌다. 그래서, 지난 4월 말부터 블로그에 지난 10년간의 추억을 하나씩 적어보기로 했다. '제육대디(제주육아아빠) 육아일기'라는 이름으로 1주일에 한, 두 편씩 주제를 정해 사진과 함께 꾸준히 올리기 시작했다. 처음에는 방문자도 별로 없고 반응도 시원치 않았다. 하지만 한 달이 지나면서 조회 수도 급격히 올라가고 댓글도 꽤 달리기 시작했다. 때로는 공감과 격려의 말들을 보면서 나의 글과 서원 이와의 추억이 많은 이들의 공감을 불러일으킬 수 있다는 게 신기하고 재미있었다. 그 이후 본격적으로 육아일기를 연재하기 시작했고 3개월 만에 마지막 30탄까지 무사히 마칠 수가 있었다. 그야말로 추억을 먹고 사는 행복한 시간이었다.

아마도 내 인생은 서원이가 태어나기 전과 태어난 후로 나눌 수가 있을 거다. 삶의 모든 가치관과 방향이 서원이가 나의 곁에 오면서 드라마틱하게 바뀐 것이다. 아내가 임신했을 때는 주말에도 집에만 있거나 주변 공원을 산책하는 정도였지만 서원이가 태어나고 걸어 다니기 시작하면서 우리의 행동반경도 차츰 넓어졌다. 키즈 카페는 물론이고 놀이 공원, 바닷가, 해외여행 등 가능한 많은 경험과 추억을 만들어 주려고 노력했다. 물론, 초보 아빠로서 부족한 점이 너무나 많았지만, 순둥이 서원이는 그런 아빠를 온몸으로 받아 주었다. 크게 아프지도 않아서 엄마, 아빠의 맘을 애태우지도 않았고 조심성이 많은 아이라 살면서 크게 말썽을 일으킨 적도 거의 없었다. 이렇게 순한 아이가 있을까 싶을 정도였다. 형제가 없어서 혼자 놀다가 아빠를 찾을 때마다 미안한 마음도 들었지만, 이제는 서원이도 어느 정도 현실로 받아들인 것 같다. 동생 대신 언니를 만들어 달라는 이야기도 더는 하지 않는다. 그동안 엄마, 아빠의 도움을 받던 서원이는 어느새 혼자서 하는 일도 많아지면서 점점 독립적인 아이로 커가고 있다. 대견하고 너무나 고마운 일이다.

이 책은 서원이가 있어 가능했다. 서원이를 만 10년 동안 키우면서 함께 한 경험과 추억이 이 책 안에 그대로 녹아 있기 때문이다. 그래서 이 책을 읽는 분들의 공감과 더불어 시행착오를 통해 얻은 실질적인 육아 팁도 같이 담아봤다. 특히 딸아이를 키우는 아빠들이 딸을 위해 많은 것들을 해줄 수 있기를 바라는 마음이 컸다. 더불어 아빠 딸로 와준 고마움을 표현하고 싶었기 때문이다. 곧 사춘기를 맞이할 서원이도 이런 아빠의 심정과 노력을 조금이나마 알아줬으면 좋겠다. 그리고 사춘기라는 제2의 성장을 통해 정신적, 경제적, 생활적 자립이라는 멋진 결과를 하나씩 이루어가는 모습을 꿈꾸어 본다. 거기에 당연히 아빠의 든든한 도움과 지원이 있을 거다. 한번 아빠는 영원한 아빠니까 말이다.

이 책은 총 5장으로 구성되어있다.

1장은 유익한 '교육'편이다. 조부모님 육아, 언어 및 적기 교육, 방과 후 수업, 현장 학습 등 살면서 서원이가 경험한 다양한 학습 경험을 풀어나갔다.

2장은 올바른 '습관'편이다. '3살 버릇이 여든까지 간다'는 속담처럼 좋은 습관이 가장 좋은 백 년 교육이라 생각했다. 식습관, 밥상머리 교육, TV 시청 및 시력 보호, 질문하는 습관, 스킨십 등 진정한 조기교육의 힘을 보여주고 싶었다.

3장은 행복한 '추억'편이다. 생일파티, 해외여행, 장기자랑, 제주살이, 자가격리 등 살면서 겪게 되는 에피소드들을 통해 추억 여행을 다시 한번 가보고자 했다.

4장은 당당한 '외동'편이다. '하나'라는 편견에 맞서 외동도 경쟁력이 있다고 이야기해주고 싶었다. 특히 외동을 두신 부모님에게 작은 도움이 되었으면 한다.

5장은 든든한 '아빠'편이다. 아빠라는 이름으로 서원이의 든든한 울타리이자 때로는 한계와 규율을 가르쳐주는 아빠가 되고 싶었다. 좋은 아빠가 되기 위한 고민을 함께 엿볼 수 있는 기회가 되었으면 한다.

서원이가 태어난 10년 전 그 순간부터 지금까지 서원이와 함께 아빠인 나도 침 많이 성장한 느낌이다. 이제 11년 차 아빠가 되었고 곧 다가올 서원이의 사춘기를 걱정 반 기대반 속에서 기다리고 있다. 그리고 또 한 번의 10년이 지나서 아이가 당당히 성인이 되었을 때 다시 한번 그동안의 시간을 돌이켜 본다면 아마 이 책의 속편도 기대해 볼 수 있지 않을까 싶다. 그러고보니 서원이는 정말로 아빠의 인생을 밝게 비춰주는 보석과도 같은 선물이다. 그 보답으로 아빠의 진심이 담긴 책을 선물해 주고 싶었고 이제 드디어 그 소망을 이룰 수 있게 되어 너무나도 기쁘고 행복하다.

2021년 가을
제주 애월에서
서원이 아빠

제1장
꿈을 먹고 자라는 아이

조부모 육아는 찐사랑

지원군이 필요해

우리 부부는 2010년 결혼 후에도 맞벌이를 계속했다. 아내는 학원을 운영하고 있었고 나는 철강회사에 다니는 직장인이었다. 결혼과 동시에 아내는 서원이를 임신했고 다음 해 7월 서원이가 태어났다. 하지만, 아내는 학원을 그만둘 수 없었다. 오랫동안 운영해온 학원이라 쉽게 포기할 수 없었고, 나 또한 그 사실을 모두 알고 있었기 때문에 아내를 말릴 수도 없었다. 학원 특성상 아내는 오후에 출근해서 밤늦게 들어오곤 했다. 학생들이 학교 수업을 마치고 오기 때문에 정작 학원 수업이 끝나고 집에 오면 10시가 훌쩍 넘었다. 시험이 있는 기간에는 주말에도 보충수업을 하러 나가야 했다.

나 역시 그 당시 회사 일로 무척이나 바빴다. 아침 일찍 회사 셔틀을 타야 했기 때문에 6시 전에 일어나 서둘러 준비해서 늦지 않게 나가야 했다. 이른 시간이라 밥맛도 없고 여유도 없어서 아침은 늘 회사 식당에서 먹곤 했다. 중요한 프로젝트가 있었고 때마침 진급 케이스라 매일은 아니어도 1주일에 2, 3번 야근도 해야 했다. 그럴 때면 저녁도 구내식당에서 먹고 들어가기 때문에 빨라야 8시 반에서 9시였다. 아내도 학원에 나갔기 때문에 항상 서원이 외할머님이 오셔서 도와주셨다. 학원을 나가기 전에 아내는 유착기로 미리 모유를 짜놓아 냉장고에 저장했고 장모님은 그걸 서원이에게 먹였다. 빨래, 요리도 거의 도맡아 해주셨다. 오전에 아내가 도와준다고 하지만 시간과 체력의 한계가 있었고, 저녁 늦게 들어오는 나는 거의 하숙생 수준이었다. 서원이 얼굴을 잠깐 보거나 졸면서 조금 놀아 주는게 전부였다.

흔들림 없는 고목나무

장인어른은 아내가 아주 어렸을 때 돌아가셨기 때문에 장모님 홀로 장사하시면서 자식 4명을 손수 다 키워내셨다. 그리고 당신 자식의 자식인 손주들도 자식들이 맞벌이라는 이유로 필요할 때마다 마다하지 않고 도와주셨다. 장모님은 그야말로 육아의 달인인 셈이다. 충청도 특유의 긍정적인 마음가짐과 초인적인 인내심, 그리고 풍부한 육아 경험에서 나오는 여유로 아이의 까다로운 요구 조건을 뭐든지 끝까지 다 들어주신다. 지칠 줄 모르는 체력과 끈기로 무장한 장모님은 아이들에게는 자기 욕구를 충분히 채울 수 있는 최고급 요람과도 같은 존재였다.

맞벌이했던 우리 부부를 대신해 장모님은 서원이를 돌보기 위해 우리 집 근처로 이사오는것도 마다하지 않으셨다. 집 바로 앞 빌라에 전세로 사시면서 아침, 저녁 집으로 출퇴근을 하셨다. 밥이며 빨래, 서원이 돌보는 일까지 그야말로 모든 일을 도와주셨다. 서원이는 낮에는 외할머니를 거의 엄마 삼아 지냈다. 그래도 밤에 잘 때는 항상 엄마를 찾았다. 종일 정성껏 돌봐주시지만 정작 할머니가 아닌 엄마를 찾으며 칭얼대는 모습에 조금은 서운하셨을지도 모른다. 그래도 본인 집으로 가실 때는 뒤도 돌아보지 않고 가신다. 종일 집안일 하랴 서원이를 봐주느라 얼마나 피곤하셨을지 상상이 간다.

그래서 그런지 서원이도 지금까지도 외할머니를 무척 편하게 대한다. 갓난아기 때부터 손수 키워주셨기 때문이기도 하지만 뭐든지 잘 들어주는 외할머니가 아마도 굉장히 편했을 거다. 4살부터 어린이집을 다닐 때도 서원이는 여느 아이들처럼 놀이터에서 노는 걸 무척 좋아했다. 하지만, 아이들이 모두 집으로 들어간 늦은 시간에도 서원이는 집으로 들어가는 걸 싫어했다. 집에 가도 엄마, 아빠가 없다는 걸 알고 있기 때문이다. 장모님은 어쩔 수 없이 서원이를 유모차에 태워서 해가 완전히 질 때까지 동네를 돌면서 서원이를 끌고 다니셨다. 아이스크림이 먹고 싶다고 떼를 쓰면 본인 용돈으로 흔쾌히 사주시고 놀자고 하면 뭐든지 다 들어주셨다. 그런 장모님을 보면서 너무 미안한 마음이 들었다. 이빨 상하니 아이스크림 너무 많이 사주지 말라는 말조차 할 수가 없었다. 지금도 가끔 집에 오시면 서원이는 아무 거리낌 없이 할머니와 같이 잔다. 그야말로 최고의 단짝 친구다.

잔소리도 다 사랑이다

서원이의 탄생은 그야말로 부모님에게는 생애 처음으로 맞이하는 손주였다. 여동생이 나보다 일찍 결혼했지만 아이가 생기지 않아 동생만큼 마음고생을 오랫동안 하셨던 두 분이다. 36살 늦장가를 간 외아들은 다행히 결혼과 동시에 1년 만에 시원이를 급행으로(?) 낳았고, 고대하던 손주가 생긴 부모님은 서원이를 볼 때마다 좋으셔서 어쩔 줄 몰라 하셨다. 며느리도 이쁜데 처음 보는 손녀는 얼마나 예뻐 보였을까 짐작이 간다. 특히, 하나밖에 없던 손주를 안아 보시며 세상 다 가지신 듯 행복한 표정을 지으셨고, 그 연세에 까까머리 서원이와 놀이터에서 시소를 타며 함께 놀아주시던 아버지의 행복한 모습이 아직도 눈에 선하다. 서원이 이놈~하면서 볼을 꼬집어 보기도 하시고 볼을 비비며 애정표현도 듬뿍하셨다.

그런 살가운 할아버지였지만 아이를 너무 귀하게 생각하셔서 그런지 가끔은 잔소리도 하셨다. 결혼 전부터 아내가 애지중지 키우던 '토끼'라는 애완견이 있었다. (강아지가 토끼처럼 하얗고 이뻐서 그렇게 지어줬단다) 아내는 결혼 후에도 계속 강아지를 키우고 싶었지만, 덜컥 허니문 베이비가 생기고 말았다. 아버지께서는 강아지 털은 임산부에게 좋지 않다며 당장 강아지 접근금지 명령을 내리셨다. 아내는 할 수 없이 눈물을 머금고 키우던 강아지를 막내 처제에게 넘겨주고 말았고 결국 토끼가 요단강을 건널 때까지 데려올 수 없었다. 다른 집들은 아기가 있어도 강아지를 잘만 키우는데 할아버지의 걱정과 지극정성에 생이별을 해야만 했다. 건강에 안 좋은 건 절대 못 먹게 하고 위험한 곳에도 가지 말라 하셨다. 보통은 친할머니가 하는 잔소리꾼 역할을 우리 집은 주로 아버지가 맡아 하셨다. 아주 심한 정도는 아니라 그때마다 무리없이 잘 넘어갔고 다 손주에 대한 깊은 사랑과 염려라 감사하게 생각했다.

할아버지는 서원이에게는 최고의 용돈 벌이 소스다. 바로 명절이나 일이 있어 본가를 방문할 때마다 봉투에 서원이 용돈을 쾌척하셨기 때문이다. 사실 서원이는 돈의 가치를 모르던 시절 할아버지를 조금은 무서워했다. 워낙 아기 때부터 아빠를 뺀 모든 남자들을 유독 꺼렸다. 하지만, 돈의 가치를 조금씩 인지하기 시작하면서 두둑한 용돈을 주시는 할아버지는 그야말로 최고의 연예인 스타로 등극했다. 이제는 용돈이 부족하면 언제 할아버지 집에 가냐고 물어볼 정도로 아주 약아졌다. 내년이면 여든으로 적은 연세가 아니시지만, 아직도 용돈 정도의 돈을 버시고 연금도 나오기 때문에 경제적으로는 비교적 여유가 있으시다. 언제까지 서원이 용돈을 주실지는 모르겠지만 서원이한테는 아마도 용돈 주는 할아버지로 평생 기억될지도 모르겠다.

다정다감한 수다쟁이 할머니

엄마는 서원이를 병원에서 처음 보자마자 너무나도 이뻐하셨다. 손발, 얼굴 모두 잘생겼다며 처음 보는 손녀를 눈에 담고 행복해하셨다. 매일 키워주시는 장모님만큼 자주 볼 기회는 없었지만 그래서 오히려 서원이를 볼 때마다 더 많은 사랑과 관심을 보여주려 하셨다. 말씀이 많지 않으신 장모님과는 달리, 말하는 걸 무척 좋아하시는 우리 엄마는 서원이의 홀

룽한 대화 상대였다. 어디를 가든지 설명을 조곤조곤 해주셨고 엄마, 아빠 말 잘 들으라며 따뜻한 볼 뽀뽀도 자주 해주셨다. 그렇게 표현하는 사랑을 보여주셨던 할머니였다. 지금도 전화 통화를 하면 가능한 오랫동안 서원이와 대화를 나누고 싶어 하신다. 친할머니의 애정표현을 들을 때마다 어떻게 해야 할지 몰라 난감한 두 눈을 동그랗게 뜨며 나만 쳐다보는 서원이를 보면서 나는 매번 흐뭇한 미소를 지어본다. 서원이도 이런 할머니의 사랑을 충분히 느꼈을 거라 생각한다. 최근에 심장이 좋지 않으셔서 큰 수술을 하는 바람에 서원이도 걱정을 많이 했다. 부디 오래오래 건강하게 서원이 옆에서 더 많은 사랑과 애정을 보내주셨으면 좋겠다.

외동아이와 조부모

서원이는 형제가 없는 외동이다. 그래서 조부모님의 사랑과 관심은 또 다른 사회성을 키우는 아주 좋은 매개체이다. 아무 조건 없는 따뜻한 조부모님의 사랑을 느끼면서 자란 아이는 공감하는 능력과 상대방을 배려하는 마음이 좋다는 얘기를 들었다. 조부모님의 존재만으로도 감사할 따름이다. 그리고 건강하게 오래오래 아이가 커가는 걸 지켜봐 주셨으면 좋겠다. 그래서 어른이 된 서원이가 그동안 받은 사랑에 조금이나마 보답할 수 있는 기회를 주셨으면 하고 간절히 소망한다. 양가 부모님, 감사합니다. 그리고 항상 건강하세요!

육아팁: 내가 생각하는 조부모 육아 장단점 및 주의사항

가. 장점

1. 정서적인 안정감과 연륜에서 나오는 신뢰감이 아이에게 선한 영향을 준다.

2. 아이에 대한 포용력과 이해심이 크고, 예의범절 교육도 배울 수 있다.

3. 아주머니를 고용하는 것보다 육아비용을 상대적으로 절감할 수 있다. (물론, 부모님께 용돈을 드리는건 기본이다)

나. 단점

1. 양육의 일관성이 떨어지거나 적절한 훈육이 부족할 수 있다.

2. 연세로 인한 체력 저하로 집중력이 떨어져 자칫 사고 위험이 커질 수 있다.

3. 아이 부모와의 훈육 방식에 대한 차이로 갈등을 초래할 수 있다.

다. 주의사항

1. 기간 및 역할 분담은 정확히 하자

– 기약 없는 희생 및 모호한 양육 태도는 위험하다

2. 물질적 보상 및 감사의 표현은 필수

– 희생이 아닌 정당한 대가는 훌륭한 동기부여가 된다

3. 상호 존중의 마음을 갖자

– 부모, 조부모 모두 훌륭한 양육자이다

언어야 나랑 같이 놀자

아빠랑 배우는 외국어

　말은 그 사람의 정신을 표현하는 도구이자 그릇이다. 사람의 생각을 남에게 전달하고 표현하는 의사소통의 매개체인 셈이다. 요즘같이 자기표현이 중요한 시대에 올바른 말은 그 사람을 판단하는 척도이자 자신이 원하는 목적을 이룰 수 있는 중요한 수단이 된다. 서원이도 앞으로 커가면서 다양한 언어를 통해 다양한 국가의 사람들과 소통할 수 있는 글로벌 서원이 되기를 바란다. 그래서 아빠와 함께 배우는 한국어, 영어, 중국어 이야기를 소개하고자 한다. 언어를 가르치고 배우는 일에 관심이 있는 부모님에게 나의 경험과 실천이 작은 참고가 되었으면 한다.

모국어는 아이 영혼의 뿌리

서원이가 태어나자 나는 하루라도 빨리 서원이와 의사소통을 하길 원했다. 물론 손짓, 발짓, 표정, 제스쳐로도 할 수 있지만 아마도 가장 정확한 방법은 말로 전달하는 게 아닐까 싶었다. 그래서 젖먹이 시절부터 서원이를 쳐다보면서 계속해서 아빠, 아빠를 아주 많이 반복적으로 들려줬다. 서원이도 나와 눈을 마주치고 내 입 모양을 보면서 조금씩 옹알이를 시작했다. 그리고 언제부터인가 아빠, 아빠 하는 소리가 들리는 것 같았다. 곤지곤지를 하면서 손에 감각을 익힌 후 어느 순간부터는 본인이 갖고 싶어 하는 것을 얻기 위해 본능적으로 두 손을 피면서 '주세요~'를 말하기 시작했다. 여기에 단어를 하나씩 가르쳐 주면서 문장을 확장해 가는 연습을 시켰다. 예를 들면 '사과주세요, 과자주세요' 하면서 말이다. 그다음 형용사나 부사를 추가해서 문장을 조금씩 늘려갔다. 즉, '지금 사과 주세요' 또는 '맛있는 과자 주세요'라고 식으로 말이다. 본인이 원하는 대상이 있거나 하고 싶은 행동에 대해서는 본능적으로 습득력이 훨씬 더 빠르다. 즉, 본인이 원하고 필요할 때 가르쳐 주는 게 가장 효과적인 방법이라는 셈이다.

(자식 자랑 같지만) 서원이는 한글을 따로 가르쳐주지 않았다. 그렇다고 서원이가 언어 천재라고 말하고 싶지는 않다. 그냥 자연스럽게 물 흐르듯 한글에 관심을 보이면서 익혔다는 뜻이다. 여느 부모처럼 한글로 된 그림책을 틈틈이 읽어줬다. 서원이가 본래 책을 좋아하는 아이였지만 책에 집중하면서 듣는 모습이 기특하고 그렇게 이쁠 수가 없었다. 고사리손으로 그림책을 넘기며 아이가 내 딸이라는 사실에 대견하기까지 했다.

한번은 이런 일도 있었다. 서원이가 3살 때쯤인가 고속도로 휴계소 식당에 앉아 가족끼리 밥을 먹고 있었다. 항상 책을 가지고 다니기 때문에 그때도 조용히 밥을 먹을 요량으로 서원이에게 책을 쥐여줬다. 서원이는 여느 때처럼 책을 펴고 손으로 글자를 짚어가며 옹알옹알 알 수 없는 소리를 내기 시작했다. 이때 지나가던 아주머니가 그 모습을 보더니 '아니 아이가 한글을 읽을 줄 알아요?'라면서 신기한 듯 물어봤다. 우리는 그냥 웃으면서 '아직 몰라요, 그냥 소리내어 읽는 거예요'라고 대답해 주었다. 처음에는 그냥 그림을 보면서 읽어주기만 했는데 어느 순간부터 글자에 관심을 보이기 시작했다. 손으로 하나씩 가리키면서 읽어주다 보니 서원이도 아빠를 따라 그렇게 책을 읽는 습관이 만들어 진 거 같다. (만약 3살 때 서원이가 책을 제대로 읽었다면 '세상에 이런 일이'라는 프로에 나갈 수 있지 않았을까?)

그렇게 조금씩 한글이라는 글자에 관심을 보이기 시작했고 서원이가 물어볼 때마다 그냥 옆에서 알려주기만 했다. 가끔은 물어보는 횟수와 양이 많아져 살짝 귀찮기도 했지만 하나하나 알아가면서 입으로 말하는 모습에 적지 않은 보람과 기쁨도 느꼈다. 그렇게 시간이 흘러 5살이 되자 시키지도 않았는데 한글을 조금씩 쓰기 시작했고 (뭐 거의 낙서했다는 표현이 더 맞을지도 모르겠다) 6살이 되자 대부분의 글자를 읽고 쓸 수 있는 능력이 되었다. 어떤 아이는 한글 교실을 다니면서 한글을 배우고 있다는 말을 듣고 정작 우리 아이는 집이 한글 교실인 거 같다는 생각도 들었다. 아빠 말을 잘 들어주고 따라와 주는 서원이가 그저 고마울 뿐이다.

그렇게 한글을 익힌 서원이는 초등학교 3학년 때부터 아빠와 한국어 공부를 시작했다. 속담, 관용어, 사자성어를 1주일에 2번 20분 정도 같이 공부한다. 그날 배울 내용을 같이 읽어보고 그 뜻을 예문과 함께 설명해 준다. 그러면 직접 배운 말을 활용해서 문장을 만드는 연습을 해본다. 올바른 문장을 만들 수 있어야 확실히 이해했다는 증거다. 수업 마지막에는 배운 말들을 한 번씩 다시 읽어보며 짧은 복습을 한다. 그리고 그다음 수업 시간 시작할 때는 지난번 배운 내용을 퀴즈 형식으로 복습 한다. 이런 루틴으로 매번 반복하면서 아빠와 한국어를 배우고 있다. (참고로 나는 한국어 교원자격증을 가지고 있다)

서원이는 속담과 관용어는 비교적 익숙한 반면에 사자성어는 조금 어려워한다. 물론, 실생활에서 그나마 많이 쓰는 단어 위주로 공부하지만 4글자에 함축된 의미를 파악하기에는 아직은 어린 나이인 것 같다. 그래도 아빠랑 수업을 하면서 많은 속담을 알게 되었고 다양한 관용어도 꾸준히 배워가고 있다. 요즘에는 비슷한 관용어들의 차이점을 물어보는 바람에 어떻게 답해줘야 할지 당황할 때가 적지 않다. 점점 수준이 높아지는 질문에 능숙하게 답하기 위해서는 나도 수준을 같이 높여야 할 거 같다. 새로운 숙제가 생겼다.

그놈의 영어가 뭐길래~

영어의 중요성은 여전히 간과할 수가 없다. 인공지능 번역기가 나오고 영어와 상관없는 인생을 살겠다고 할지라도 인생을 살면서 해외여행 한번 안 가볼 수 없는 노릇이다. 다문화가정이 급속하게 늘고 있는 요즘 외국인 한번 안 마주친다는 보장도 없다. 앞으로 세계적인 무대에서 일하고 싶다는 꿈이 있다면 영어는 필수다.

서원이의 영어 공부는 아주 일찍부터는 아니었다. 한글이 모국어로서 어느정도 자리 잡는 게 더 중요하다고 생각했기 때문에 한글을 읽고 말할 수 있을 때까지 기다려주기로 했다. 그러던 중 우연히 육아 박람회를 가서 '잉글리쉬 에그'라는 영어 교재를 거의 충동구매로 덜컥 사게 되었다. 읽기 펜이 있는 영어책과 CD, 그리고 동영상 팩이 한 세트로 구성된 교재였다. 일단 아이가

　영어 동영상을 보면서 춤추고 영어로 노래도 하길래 먼저 1세트를 사고 나서 나중에 나머지 2세트도 모두 사버렸다. 한 번에 3세트를 통으로 구매 했으면 훨씬 더 저렴하게 샀을 텐데 소심하고 조심스러운 남편 때문에 할 인 기회를 놓쳤다며 구박하는 아내의 쓴소리를 조용히 듣고만 있어야 했 다. 결과적으로 아내의 말이 전부 맞아 딱히 반박할 말이 생각나지 않았기 때문이다. 역시 아내 말을 들으면 자다가 떡이 나오지는 않지만 적어도 손 해는 보지 않는다는 상식이 또 한 번 상기되는 일화였다.

　서원이가 4살 때부터 방학 때마다 틈틈이 외국을 다녀오기 시작했다. 처음에는 선배 형이 말레이시아에서 사업을 하고 있어서 별 생각 없이 가 족과 함께 다녀 왔지만 말레이시아라는 국가를 다시 생각하게 만들어주 는 계기가 되었다. 실질 국민소득이 이미 만 달러가 넘고 비교적 저렴한 물가에 안전한 치안, 그리고 영어를 공용어로 쓰는 언어적 환경 때문에 아 이가 언어를 배우기에는 아주 적당한 나라였다. 그 이후로 2019년 여름까 지 거의 매년 방학을 이용해서 수도 쿠알라룸푸르에서 아내와 딸은 한 달 또는 두 달 살기를 했다. 비록 말레이식 영어지만 현지 친구들과 영어로 대화하는 서원이의 모습을 보면서 그야말로 돈 쓰는 맛이 났다. 그리고 부 모로서 조금 더 욕심이 생겼다. 이왕이면 영어권 나라에서 배워보는 것도

괜찮을 거 같았기 때문이다. 어디로 갈까 물색 끝에 호주 시드니에서 2달 반 동안 있기도 했다. 그야말로 서원이의 영어 공부를 위해 나름 많은 투자와 노력을 한 셈이다. (물론 호주에 있는 동안 나는 한국에서 기러기 생활을 했다. 남들 부러워하는 기러기 아빠였지만 가족이 떠나고 딱 2주일은 자유를 만끽하는 환상 그 자체였지만 그 이후로는 줄곧 달력만 쳐다 봤다)

요즘도 1주일에 2번 20분 동안 서원이와 같이 책 읽는 시간을 가진다. 본인이 읽고 싶은 책을 가져와 읽고 내가 옆에서 잘못된 발음이나 모르는 단어를 영어로 설명해준다. 다행히 외국에서 생활하면서 영어를 배운 덕에 내가 말하는 영어는 거의 완벽하게 다 이해한다. 아빠와의 읽기 수업 말고도 1주일에 3번 20분 동안 화상채팅으로 선생님과 영어 수업도 한다. 주로 말하기와 쓰기 수업 위주로 아빠와의 읽기 수업에서 부족한 부분을 보충해 나간다. 사실 고백하자면 밤 9시가 넘어가면 피곤하고 졸려서 가르치면서도 괜히 짜증을 내고 화를 낼 때도 있었다. 평소 같으면 그냥 넘어 갈 수도 있는 일인데 소리를 지르며 아이의 눈을 무섭게 노려보기도 했다. 그런 나의 태도에 겁에 질린 눈으로 다시 읽어나가는 아이의 모습을 보면서 속으로 후회도 해보지만 이미 내뱉은 말이라 주워 담을 수도 없는 노릇이다. 욱해서 참지 못하는 내가 원망스럽고 이유야 어찌되었든 아이를 가리키는 게 참 쉽지는 않다는 걸 매번 느낀다. 그런 면에서 학교 선생님이 대단하다는 생각도 든다.

서원이가 5학년이 되는 내년에는 엄마와 함께 캐나다에 있는 학교로 유학을 보낼 계획도 가지고 있다. 그렇게되면 또 기러기 아빠가 되겠지만 좀 더 좋은 환경에서 많은걸 배우고 느낄수 있다면 그정도는 참을 수 있다.

아이와 엄마가 거기에서 잘 적응한다면 장기적으로는 나도 합류할 생각도 있다. 물론 거기에 가서 무엇을 하며 먹고 살지는 반드시 고민해야 할 숙제다. 하지만, 설마 산 입에 우리 식구 3명 거미줄 치랴 생각하면서 무턱대고 용기를 내보지만 이 나이에 타국에서 당면하게 될 현실은 녹록지 않을 거 같아 솔직히 겁도 난다.

대륙굴기 중국, 니하오!

세계 경제 대국으로 이미 우뚝 선 중국의 위상이 날로 무섭다. 중국산 제품이 들어온 건 이미 오래전이고 경제, 정치, 사회 모든 면에서 미국과 날카로운 신경전을 벌이고 있는 모습이 더 이상 예전의 중국이 아니다. 국제통화에 중국 엔화가 편입되는 날이 올거고, 전 세계 화교인구까지 합친다면 엄청난 인구의 사람들이 중국어를 모국어로 사용하고 있는 셈이다. 특히, 내가 사는 제주도는 중국어를 여기저기서 쉽게 들을 수 있는 지리적 특징을 가지고 있다. 관광업과 서비스업이 발달한 곳이니 중국 노동자들도 많고 코로나가 터지기 전에는 관광객도 정말 많았다.

서원이와의 중국어 수업은 2020년부터로 기억한다. 학교 방과 후 수업으로 중국어 수업을 듣기 시작한 게 그 계기가 되었다. 비록 아빠가 중국어 전공자는 아니지만, 중국에서 어학연수도 하고 중국어 특기자로 대기업에도 입사한 화려한(?) 이력이 있기 때문에 서원이의 중국어 학습을 절대 모른척할 수가 없었다. 그래서 서원이가 배우는 교재를 가지고 학교 수업에 대한 예습을 미리 시켜준다는 생각으로 1주일에 한 번씩 20분 동안 같이 공부하고 있다. 처음에는 무조건 아빠를 따라 성조에 유의하면서 교재를 소리 내어 읽는 데 집중했다. 그리고 어느 정도 실력이 올라가면서 모르는 단어나 문법은 가능한 한국어를 섞은 영어로 설명해 준다. 외국어는 외국어로 가르쳐줄 때 더 큰 시너지 효과를 기대할 수 있기 때문이다. 물론 중국어로 설명해주면 더 좋겠지만 아직 서원이의 중국어 실력이 그 정도는 아니어서 그냥 영어로만 하고 있다. 언젠가는 중국어 실력도 좋아지면 중국어로도 대화할 날도 멀지 않을 거라 내심 기대해 본다.

아빠와의 수업 덕분인지는 몰라도 서원이가 중국어 방과 후 수업 시간에 선생님에게 칭찬을 들었다고 자랑한다. 친구들도 서원이의 중국어 실력이 좋은 걸 알고 서원이랑 같이 배우고 싶다고 한다. 그래서 그런지 서원이도 영어 수업보다는 중국어 수업에 흥미를 느끼는 눈치다. 아무래도 영어 잘하는 친구들은 주위에 있지만, 중국어는 상대적으로 많지 않아 그 희소성을 마음껏 누리는 듯싶다. 지금도 중국어 공부를 하는 아빠의 모습을 보면서 본인도 언젠가는 아빠처럼 중국어를 말하고 싶다는 얘기도 가끔 꺼낸다. 그런 면에서 보면 아이에게 가장 좋은 교육은 직접 행동하고 실천하는 모습을 보여주는 것이라 생각한다. 백문이 불여일견, 아빠의 실천하는 모습을 보면서 자극을 받고 본인 스스로 배우는 게 진정한 교육의 목적 같다. 더욱이 다른 건 몰라도 언어 교육은 아빠로서 서원이에게 해줄 수 있는 최고는 아니더라도 최선의 선물일지 모르겠다. 서원아, 아빠가 계속 공짜로 가르쳐줄게, 수업 신청해줘~

육아팁: 아이 언어교육 팁 5가지

1. 왜 배우는지 알아야 한다

아이는 알아듣기 힘든 외국어를 왜 배워야 하는지 그 필요성을 잘 알지 못한다. 아무리 부모가 그 중요성을 강조하고 열심히 시킨다고 해도 정작 본인은 크게 실감하지 못할 수 있다. 이럴 땐 백문이 불여일견, 가족과 함께 외국 여행을 가본다든지 그 나라 사람과 접촉하는 기회를 가능한 많이 만들어 줘야 한다. 내가 배우는 말이 생활 속에서 들린다면 신기하면서도 언어에 대한 궁금증을 유발할 수 있기 때문이다. 이때 부모님이 그 나라 말을 조금이라도 할 수 있다면 더 좋은 본보기가 될 수 있다. 또한 그 나라 말을 못 하는 불편함을 몸소 체험해 본다면 언어의 필요성을 피부 깊숙이 느낄 수 있다. 언어는 의사소통의 중요한 수단이라는 사실말이다. (서원이도 2014년 말레이시아를 처음으로 갔다 온 이후로 영어를 배우고 싶다고 말한적이 있어 우리를 깜짝 놀라게 한 적이 있다. 아마도 또래 외국 친구들과 놀면서 영어가 부족해 힘들었던 적이 있기 때문인 거 같다. 언어는 필요성을 알아야 한다)

2. 조금씩 꾸준히 하자

언어는 습관이다. 일정 시간이 지나면 IQ에 상관없이 모든 사람이 어느 정도는 의사소통을 할 수가 있다. 그래서 한 번에 많이 끝내야 한다는 욕심보다는 조금씩 자주 반복해서 할 수 있는 습관을 길러주자. 각자 수준에 따라 매일 그 나라 언어로 짧게 일기를 쓴다든지 1, 2페이지 정도 짧게 책을 읽는 습관을 심어주면 매우 좋다. 그러한 습관이 형성되는 초반에는 아이가 싫어하지 않는다면 같이 앉아서 도와주거나 그냥 지켜봐 주는 것도 좋은 방법이다. (서원이도 거의 매일 20분씩 언어를 번갈아 가면서 한국어, 영어, 중국어를 공부한다)

3. 놀이 중심으로 배우게 하자

일단 나이가 어릴수록 뭐든지 재미가 중요하다. 언어는 학문이 아니기 때문에 공부한다는 생각보다 재밌는 놀이라는 인식을 심어줘야 한다. 그러기 위해서는 간단한 게임을 하면서 해당 언어에 자연스럽게 노출시키거나, 재미있는 동영상을 보면서 노래 부르고 춤을 추면서 몸으로 직접 배우는 것도 좋다. 또한, 읽기에 관심이 있다면 간단한 만화책이나 동화책도 흥미를 높여줄 수 있는 좋은 교재이다. (서원이는 다행히 '잉글리쉬 에그' 교재를 좋아해서 충분히 놀면서 재미있게 영어를 접할 수 있었다)

4. 말하는 즐거움을 안겨주자

언어는 일단 말을 해야 소통할 수 있고 재미도 배가된다. 그러기 위해서는 많이 읽어주거나 자연스럽게 들을 수 있는 환경을 조성해줘야 듣기가 가능하고 많이 들어야 자연스럽게 말하기도 가능하다. 그러고 나서 그 다음 단계인 읽기, 쓰기로 넘어가면 효과적이다. 한국식 언어 교육의 아쉬운 점은 이러한 단계를 그냥 건너뛰고 수동적인 이해(읽기/듣기)만 강요한다는 점이다. 단지 이해만을 강요하는 수동적인 학습 방식은 당연히 재미가 없다. 능동적으로 표현(말하기/쓰기)하는 즐거움을 알게 된다면 언어의 재미에 더욱더 쉽게 빠질 수 있다. (서원이도 처음에는 무조건 듣고 말하기부터 가르쳐 주었다)

5. 부모의 조바심은 금물이다.

언어는 일정 시간이 필요하다. 한 개를 먹었다고 한 개가 바로 나오는 게 아니다. 갓난아기가 말을 처음 배울 때도 수천 번, 수만 번 부모의 말을 반복적으로 듣고 나서야 비로소 엄마, 아빠라는 한 단어를 힘겹게 내뱉는다. 하물며 모국어가 아닌 외국어는 더 많은 반복과 인내의 시간이 필요하다. 한 번에 봇물 쏟아지듯 술술 말하기는 어렵겠지만 아이는 어른과 달리 흡수성이 빨라서 어느 정도의 시간이 지나면 입이 열리게 되어 있다. 그때까지 조바심을 내지 말고 격려와 칭찬을 아낌없이 해줘야 한다. 아이가 부담스러워하거나 싫은 기색을 보인다면 교육은 더 힘들어진다. 그동안 투자한 본전 생각 때문에 아이의 반응을 살피지 않고 계속 밀어붙이다가는 자칫 말짱 도루묵은 고사하고 언어에 대한 부정적인 인식이 형성될 수 있다. 언어는 마라톤과 같다. 긴 호흡으로 차근차근히 한 발짝 내디뎌야 골인 지점을 통과할 수 있다. (서원이도 영어의 말문이 트일 때까지 많은 시간과 경험이 필요했다. 그 시간을 참고 기다려 준다면 가속도가 붙는 건 시간문제이다)

조기보다 적기교육에 한 표

조기교육은 과연 언제부터?

조기 교육하면 다들 다양한 반응을 보인다. 경쟁에서 이겨 좋은 대학에 가기 위한 필수 불가결한 선택으로 생각한다. 남들보다 더 빠르고 앞서 달리기 위한 조바심에 사로잡혀 그 필요성에 대한 진지한 고민보다는 일단 남들이 하니까 같이 따라 하는 사회 풍조 현상이 널리 만연해 있기 때문이다. 이런 치열한 대한민국 사교육 현실을 온몸으로 뚫고 살아온 나로서는 내 아이만큼은 그러한 각박한 환경에서 벗어났으면 하는 바람이 매우 컸다. 본인이 원하면 시키고 원하지 않으면 굳이 돈 들여가며 억지로 시키지 않겠다는 보통의 아빠들 신념 말이다.

다행히, 서원이는 제주도 시골 학교를 다니면서 이런 나의 신념은 어느 정도 지킬 수 있게 되었다. 서울처럼 주위에 학원 천지인 세상이 아니라 자연과 함께 할 수 있는 천혜의 조건을 가지고 있기 때문에 (학교 앞에 그 흔한 학원, 도서관, 문방구, 떡볶이 집 조차 없다) 남들처럼 학원을 다녀야 하는 조바심이 여기에서는 거의 없다. 조기교육에 안달하지 않고 나름대로 소신을 지켜가며 평화롭게 아이를 학교에 보낼 수 있다.

그렇다고 서원이가 배움에 완전히 손 놓고 있는 건 아니다. 조기교육이라는 타이틀을 달지 않더라도 아이가 배우고 싶어 하는 것이 있다면 부모로서 가능한 '적기'에 시켜줄 수 있기 때문이다. 그래서, 서원이가 요즘 즐겁게 배우고 있는 3가지 적기교육을 소개해 보고자 한다. 아이가 강하게 거부하지 않는 이상 어릴수록 이 3가지는 아이의 건강한 신체, 정신적 발달을 위해 필요하다는 생각이다.

1. 언어 수업_'언어야 나랑 같이 놀자' 편을 참조하기 바란다

2. 악기 수업_감성 발달의 자양분

서원이는 피아노 학원을 다니고 있다. 2년 전에는 본인이 원해서 디지털 피아노도 사줬다. 워낙 피아노 치는 걸 좋아해서 생일선물로 사줄 수밖에 없었다. 디지털 피아노라 소리 조절도 가능하고 다양한 다른 악기 소리도 들을 수 있다. 나름 자기 피아노 소리에 다른 악기 소리를 입히는 믹싱 능력도 보여준다. 아빠의 드럼 소리에 맞춰 그동안 배운 연주실력을 뽐낼 때는 세상 행복한 감정을 느끼고 기분이 우울하거나 시무룩할 때도 피아노를 치면 다소 위안을 받는 듯 보인다. 피아노가 아이 감성 발달에도 도움을 주는 있는건 확실하다. 피아노를 통해 더 감성적이고 부드러운 심

성을 기를 수 있어 훌륭한 도덕 선생님 역할까지 하고 있는 거다.

피아노 이외에도 우쿨렐레, 리코더, 오카리나, 드럼도 조금씩 연주한다. 리코더는 학교에서 배우기 시작하면서 집에서 매일 열심히 연습하더니 학교 장기자랑 같은데 나가서 친구들과 같이 연주하기도 했단다. 우쿨렐레, 오카리나는 그냥 조금씩 재미로 부는 정도다. 드럼은 아빠의 욕심으로 몇 번 가르쳐 줬지만, 다분히 동적인 움직임에 부담을 느꼈는지 몇 번 하더니 씩 웃으면서 못하겠다고 그만두었다. 나중에 좀 더 크면 다시 시켜볼 생각이다.

3. 체육 수업_몸도 튼튼, 마음도 튼튼

아이들에게 가장 좋은 수업은 운동이다. 끊임없이 움직이고 접촉함으로써 몸 구석구석에 다양한 자극을 줄 수 있어 신체 발달에 가장 큰 도움을 준다. 몸을 움직이면 엔도르핀 같은 좋은 호르몬이 배출되어 정신적으로도 안정감을 주고 친구들과 교감하면서 사회성, 배려심, 협동심도 기를 수 있다. 무엇보다 면역력이 좋아지고 몸도 튼튼해진다. 한창 활동이 왕성한 초등학교 시기에 책상에만 앉아있는 아이들을 볼 때면 불쌍하기 짝이 없다. 이러한 중요한 시기에는 수학, 영어 같은 좌뇌를 자극하는 수업보다는 우뇌를 자극하는 운동이 훨씬 더 효과적이다. 건강한 하드웨어를 가져야 나중에 본인이 원하는 소프트웨어를 장착할 수 있는 것과 같다.

서원이는 태어날 때부터 조심성이 많은 아이였다. 무서움을 많이 타서 무작정 만지거나 행동한 적이 거의 없었다. 덕분에 사고나 위기는 면할 수 있었지만 뭐든지 과감하게 시도하거나 호기심을 보이는 행동은 상대적으로 드물었다. 오히려 남자 선생님을 무서워해 체육 수업을 기피하기도 했다. 아이들과 잘 뛰어다니기는 했지만, 공을 가지고 하는 운동에는 별 관심을 보이지 않았다. 오히려 여느 여학생들처럼 앉아서 공기놀이나 그림 그리기 같은 정적인 활동을 더 좋아했다. 그래서, 더욱 더 서원이가 좋아하고 잘할 수 있는 운동을 꼭 시켜주고 싶었다. 과격하지 않으면서 쉽게 따라 할 수 있는 운동이 무엇일까 계속 고민했다.

그러다가 이를 지켜본 아내가 제안을 하나 했다. 바로 본인이 배우고 있는 방송 댄스를 한번 시켜보는 게 좋을 거 같다는 의견이었다. 아내가 정기적으로 댄스학원에 다니고 있었고 마침 아이들을 위한 수업도 있어서 그야말로 금상첨화였다. 처음엔 서원이도 잠시 머뭇거렸다. 수줍음을 많이 타는 성격이라 엄마가 있더라도 남들 앞에서 춤을 추는 게 영 어색했기 때문이다. 하지만, 집에서 그동안 '위댄스' 게임을 하면서 서원이의 숨은 댄스 실력을 눈여겨봤던 엄마, 아빠였다. 부끄러워하면서도 엄마의 운동 신경을 물려받아서 그런지 곧 잘 따라하는 서원이었다. 그래서 딱 한 달만 다녀보자는 약속을 어렵게 받아냈다. 그렇게 엄마와 같이 댄스학원을 다니기 시작했고 1년 반이 넘게 잘 배우고 있다. 비록 아이돌만큼은 아니지만, 엄마보다 안무를 더 잘 기억하고 추는 게 그저 신기할 뿐이다. 좀 더 진지하게 춘다면 아이돌까지 시켜볼까 생각도 해봤지만 아직까지 그런 열정은 없는 것 같다. (다행이다) 엄마와 공통 취미가 생겼다는 점, 그리고 매주 이틀씩 거울 앞에서 내 몸의 움직임을 관찰할 수 있다는 게 얼마나 유익하고 건전한 일인지 모르겠다. 댄싱 퀸 김서원, 화이팅!

또 하나, 서원이가 좋아하는 운동은 바로 수영이다. 4살 때 처음으로 말레이시아에 가서 한 달 살기를 한 적이 있다. 워낙 더운 나라여서 그런지 웬만한 콘도(거기서는 괜찮은 아파트를 콘도라고 부른다) 안에는 수영장이 기본적으로 다 갖추어져 있다. 거의 매일 수영장에 가서 놀다 보니 수영의 필요성을 실감했다. 저렴한 가격에 1대1로 수영을 배우기 시작했다. 지금도 동네 근처 수영장에서 1주일에 2번 정도 수업을 받고 있다. 이제는 자유형뿐만 아니라 배영과 접영도 그럭저럭 할 수 있는 수준이다. 수영을 못하는 아빠는 너무나 부럽기 그지없고 서원이가 안데르센 동화에 나오는 인어공주로 보이기까지 한다. 서원아, 수영 못하는 아빠의 한을 네가 풀어주렴~

육아팁: 서원 아빠 적기교육 팁 5가지

1. 적기교육에 가장 효과적인 과목을 뽑으라면 '언어, 악기, 운동' 3가지다. (형편이 허락하고 아이가 받아들이는 선에서 시켜보자)

2. 그중에 '영어, 피아노, 수영'을 추천한다 (비교적 기본적인 과목으로 전문가가 아니어도 배워두면 다른 과목을 수행하는데 좋은 영향을 줄 수 있다)

3. 딱 한 개만 뽑으라면 단연 '운동'이다 (신체 성장이 활발한 아이들에게 운동은 빼놓을 수 없는 과목이다)

4. 혼자 하는 운동보다는 가능한 단체 운동을 시키자 (사회성, 인내심, 협동심을 기를 수 있다)

5. 시작 전 최소한 '1달'이라는 시간은 약속하자 (정 하기 싫은 건 시작하지 말고 일단 시작하면 쉽게 포기하는 경험을 습관화 하면 안 된다)

슬기로운 방과후 수업

초등학교 근처에 학원이 없다

서원이는 제주에서 초등학교를 입학했다. 애월읍 유수암에 자리를 잡은 후 인근 초등학교로 자동 배정 되었다. 지인의 말에 의하면 이 학교는 몇 년 전만 해도 전교 학생이 100명 정도의 작은 학교에 불과했다고 한다. 하지만, 인근 동네로 우리같은 외지인의 유입이 증가하면 자연스럽게 학생 수도 늘어나 지금은 학생수가 2배 넘게 증가했다고 한다. (그래도 전교생이 200명을 조금 넘는 수준이다. 2학년 가을 운동회에 참석한 적이 있는데 학생들이 운동장에서 체조를 하고 있길래 몇 학년이냐고 물어보니 전교생이라고 해서 깜짝 놀랐다)

그동안 서울에 있는 많은 초등학교를 보다 시골의 아담한 초등학교를 보니 건물과 운동장, 모든 게 귀엽고 정겹다. 인조지만 나름 예쁜 잔디도 깔려있고 운동장 한쪽에 강당도 신축했다. 그래서 날씨에 상관없이 실내

활동 및 각종 행사를 자유롭게 할 수가 있다. 또한 학교 인근 동네로 셔틀버스를 운행하고 있기 때문에 아이를 학교에 데려다 주고 데려오는 수고를 아낄 수 있다. 학부모에게는 더없이 편하고 기쁜 소식이다. 더군다나 공짜로 운행한다고 하니 탱큐베리머치이다. 가끔 40인승 노란색 셔틀버스를 타고 가는 서원이를 보면 마치 서울 유명 사립학교에 보내는 학부모가 된 기분이라 묘하다. 게다가 승마, 검도, 바이올린 등 서울에서는 쉽게할 수 없는 다양한 수업도 저렴한 가격에 시킬 수 있다.

또 한가지 특이한 점은 학교 근처에 학원이 거의 없다는 사실이다. 보통의 초등학교 앞이라면 쉽게 볼만한 학원 간판이나 문방구, 떡볶이 집도 없다. (처음에는 그야말로 문화 충격이었다) 그냥 몇몇 밥집이랑 민가, 마을회관 같은 건물이 군데군데 있어서 학교 앞이 조용하다 못해 썰렁하기까지 하다. 그래서 어쩔 수 없이 서원이를 학교에서 하는 방과 후 수업을 신청하거나 따로 학원에 보낼 수 밖에 없는 현실이다. (영어는 아빠가, 수학은 엄마가 직접 집에서 가르치며 학원비를 대폭 줄이고 있다)

검도 수업_검도인지 체력훈련인지 헷갈리네

매주 토요일 오전 서원이는 학교 실내강당에서 검도 수업을 한다. 학교방과 후 수업으로 말은 검도지만 거의 체력 단련 성격이 강하다. 구르기, 달리기, 점프 등 기본적인 동작을 반복하면서 지구력과 체력을 증진하는데 그 목적이 있는 거 같다. 1시간 동안 짧은 휴식 시간을 제외하고는 계속해서 쉴 새 없이 움직여야 하므로 수업을 하고나면 서원이가 굉장히 힘들어한다. 그래서 다른 운동과는 달리 재미가 없다며 안 갔으면 좋겠다고 툴 툴대기도 한다. 학교 친구나 언니, 오빠 보는 재미에 겨우겨우 다니는 거 같은데 간혹 수업이 없는 날엔 기쁨의 환호성을 보란듯이 지르기도 한다.

사실 검도는 서원이가 유치원 때부터 해동검도 학원에 다녀서 조금은 익숙한 편이다. 유치원 수업이 끝나면 바로 학원 차가 픽업을 해주기 때문에 다니기가 편했고 비교적 저렴한 학원비에 수업 시간에 몸을 많이 움직일 수 있어서 아이 신체발달에도 많은 도움이 되었다. 검은 검도복을 입고 고사리 같은 손으로 죽도를 앞뒤로 흔드는 모습이 너무나 귀엽고 앙증맞았다. 다리도 찢고 유연하게 머리까지 뒤로 들어 올리는 전갈 동작을 하는 모습을 보면서 저렇게 유연한 몸은 아빠가 아닌 엄마를 닮아서 그런 거라는 생각이 들었다. 서원아, 크더라도 계속 손연재 같은 날씬하고 유연한 몸매를 유지하렴~

#피아노 학원_아빠랑 슈퍼밴드하자

서원이가 정말로 배우고 싶다고 해서 보냈던 학원이다. 여느 또래 여자 아이들과 마찬가지로 친한 친구가 배워서 그런지 같이 다니고 싶어 했기 때문이다. 내 생각에는 이 피아노 학원이 학교 앞 유일한 학원으로 기억된다. 학교 정문을 나와 길을 건너 조금만 걸어가면 도착할 수 있는 가까운 거리여서 아이들이 방과 후 바로 가기도 한다. 친구들과 재밌게 잘 다녔지만, 코로나가 터져 한동안 학원에 갈 수 없게 되었고 다행히 이후 상황이 좋아져 다시 다니고 있다. (참 우여곡절이 많다)

서원이는 생일 선물로 사준 디지털 피아노가 집에 있다. 그래서 퇴근 후 내가 맨손체조를 하면 서원이는 옆에서 배운 내용을 혼자서 복습을 하곤 한다. 운동이 끝날 때쯤이면 내가 유일하게 끝까지 칠 수 있는 '젓가락 행진곡'을 같이 치면서 마무리한다. 가끔 주말에는 서원이가 자신 있는 노래를 치면 나는 드럼으로 박자를 맞춰 가면서 멋진 우리들만의 '콜라보'를 완성하기도 한다. 서원아, 아빠랑 나중에 슈퍼밴드나 하자~

사교육에 대한 한마디

초등학교 시절은 예체능 교육의 적기라는 생각은 변함이 없다. 다만, 과도한 사교육비를 투자해서 아이가 원하지도 않는데 국·영·수에 예체능까지 무리하게 시키는 건 안타까운 돈 낭비일 뿐이라고 생각한다. 최근에 어떤 분이 이런 말을 한걸 들은 적이 있다. '중고등학교 사교육비에 투자하는 금액을 모아서 차라리 아이를 위한 펀드나 주식에 투자해라. 그래서 어른이 되었을 때 시드머니로 활용할 수 있는 기반을 닦아 주는게 백배, 천배 낫다'라는 말이었다. 100% 공감한다. 투자 대비 그 기대효과가 상대적으로 매우 적은 학원을 보내느니 나중에 성인이 되어서 본인을 위해 쓸 수 있는 자본금을 미리 마련해 주는 게 아이의 사회생활 시작을 위한 더 실용적인 방법이 될 수 있다. 특히, 무지막지한 우리나라 중고등학교 사교육 투자는 부모의 주머니를 탈탈 털어 남은 인생을 불행하게 만들 뿐만 아니라 과도한 조기교육으로 아이의 정신건강에도 부정적인 영향을 미치게 된다. (그 많은 학생들 중에서 실제 사교육을 받아서 소위 말하는 '스카이

대학'에 가는 학생이 과연 몇 퍼센트나 될까 의문이다)

　　반면에, 초등학교 조기교육은 조금 다르다. 감성지수가 발달하고 신체가 활발하게 성장하는 시기인 만큼 아이가 원하는 선에서 최대한 경험할 수 있게 도와주는게 아이의 성장과 발달에 좋다고 생각한다. 긴 인생을 살아가면서 운동이나 음악을 통해 더 행복한 인생을 누릴 수 있다면 이보다 더 효과적인 투자가 어디 있겠는가? 그런 면에서 서원이가 최소한 수영과 피아노 정도는 할 수 있기를 바란다. (이것도 다 아빠의 욕심이라면 할 말이 없다) 사실 서원이도 가끔은 힘들다고 불만을 표시하지만, 전반적으로는 그렇게 싫은 눈치가 아니다. 오히려 재밌게 즐기고 있는 눈치다. 물론 그게 꼭 수영과 피아노가 아니더라도 상관없다. 본인이 좋아하는 취미나 관심 분야를 알아가는 것만으로도 그 가치는 충분하다.

육아팁: 초등학생 학원 선택 팁 5가지

1. 아이의 선택권을 존중하자

대부분 부모가 시켜서 아이는 학원에 다닌다. 경쟁과 성적만을 강조하는 학원 문화속에서 아마도 아이가 원해서 가는 경우는 그리 많지 않을거라 생각한다. 자기가 원하지도 좋아하지 않는 학원을 부모의 강요와 기대에 부응해야 한다는 의무감에 다닌다면 재미도 없어 학습효과도 떨어지고 무엇보다도 자기가 무엇을 좋아하는지 더 이상 고민하지 않게 된다. 등 떠밀려 다니게 하지 말고 아이가 선택할 수 있게 기회를 주는 연습을 부모도 해보자. 만약, 아이도 원하는 게 뭔지 잘 모른다면 부모가 추천해주고 한 달 후 본인이 계속할지 여부를 결정할 수 있게 선택권을 주는 것도 좋은 방법인 거 같다.

2. 가능한 예체능 위주로 보내자

초등학생(특히 저학년)은 신체발달이나 감성지수를 올릴 수 있는 적기다. 스포츠를 통한 자신감, 음악을 통한 창의성을 키울 수 있고 몸과 마음의 키가 동시에 성장할 수 있다. 특히, 상대적으로 부족한 능력을 보완하기위해, 남자아이는 음악학원, 여자아이는 운동학원을 추천한다.

3. 최소 1달은 다니기로 약속하자

아이들은 쉽게 흥미를 잃어버리는 속성이 있다. 그래서 학원을 다니기 전에 아이와 1달 시간 약속을 해보자. 금방 그만두면 끈기가 없어지고 뭐든지 쉽게 포기하게 된다. 일단 해보면 생각이 바뀔 수도 있다. 실제로 해보지 않고는 부모도 아이도 모른다.

4. 너무 먼 거리의 학원은 피하자

아무리 좋은 학원이나 아이가 원하는 학원이라 할지라도 이동 시간이 길어지면 좋지 않다. 이동에 대한 부담과 피로감이 커져 집중력이 떨어질 수 있기 때문이다. 가능한 혼자서도 안전하게 다닐 수 있는 근거리의 학원이 바람직하다.

5. 학원 피드백에 귀 기울이자

학원에서의 일은 부모가 잘 알 수 없다. 아이도 학원에서 안 좋은 일이 있어도 부모가 실망할까봐 웬만하면 말을 꺼내지 않고 숨기는 경향이 있다. 학원에서 아이가 어떻게 반응하고 따라오는지 적절한 피드백을 줄 수 있는 학원을 선택해야 한다. 그러기 위해서는 주변의 평판뿐만 아니라, 학생 수와 원장의 스타일을 직접 방문 상담을 통해 파악해야 한다.

체험 학습이 남는 장사

일요일은 라면 먹고 현장 학습 가는 날

오전 수업을 마치고 점심으로 아빠표 짜파게티를 끓여 주었다. 매주 일요일 점심은 아빠인 내가 당번이다. 그래서 영 요리에 소질은 없지만, 항상 라면으로 그 순번을 채운다. 이번에는 아내가 짜파게티를 먹고 싶다고 해서 3인분을 끓여 가족 모두 맛나게 먹었다. (조금 양이 모자라서 아쉬웠지만 그래서 더 맛있었다) 점심을 먹으면서 아내가 오후에는 역사 공부를 위해 현장학습을 나가보자고 제안을 했고, 크게 관심을 안 보이던 서원이도 아트박스에 데려다주겠다는 달콤한 제안을 건네자 슬며시 미소를 띄우며 응한다. 당근이 없으면 안 되는 세상이다.

    1. 만덕관_제주 의녀 김만덕 여사

처음으로 간 곳은 서원이가 학교에서 배웠다는 제주의 의녀, 김만덕 여사의 '만덕관'이다. 제주에 있으면 반드시 알아야 하는 유관순 같은 분이다. 약 200년 전 제주에 심한 기근이 닥쳐 많은 사람이 굶어 죽은 시절이 있었다고 한다. 이때 가지고 있는 전 재산을 팔아 쌀을 구해 백성을 구했다는 분이 바로 김만덕 여사다. 당시 결혼도 안 한 처녀의 몸으로 어떻게 이런 대단한 생각을 실천에 옮길 수 있었는지 그야말로 그 당시 '원더우먼'이 아니었을까 싶다.

'만덕관'은 구제주 사라봉 근처에 있는 모충사 안에 있다. (최근에 건립동에 김만덕 기념관이 세워졌다고 한다) 처음에는 절인 줄 알고 도착해서 한참을 찾는데 알고 보니 국가유공자 탑이 있는 현충사 비슷한 곳이었다. 집에서 40분 거리로 제주에서는 비교적 먼 거리지만 아이의 역사교육을 위해 기꺼이 방문했다. 여름이라 뜨거운 햇볕이 내리쬐고 있었지만 시원한 숲속에 있는 모충사에 들어서자 향긋한 솔 냄새와 새소리에 기분이 상쾌해지면서 저절로 힐링이 되는 기분이었다. 아내가 안내문을 보며 열심히 설명해주자 서원이도 열심히 놓치지 않으려 노트에 받아 적는다. 그리고 나는 일일 사진사가 되어 옆에서 열심히 사진을 찍었다. 가족 3명이 장단이 맞는 느낌이었다.

한가지 특이한 건, 만덕관 옆에 있던 '제주시 타임캡슐'이었다. 현무암으로 첨성대처럼 돌탑을 높이 쌓았는데 정확히 20년 전인 2001년 1월1일에 완성했다고 한다. 그리고 자그마치 1,000년 후인 3001년 1월1일에 오픈한다고 한다. 100년도 아니고 1000년이라니 도저히 상상이 안 되는 숫자다. 그때까지 이 탑이 무사히 있을까 걱정도 된다. 어쨌든 제주에 타임캡슐이 있다는 새로운 사실을 알게 되어 무척 흥미로웠다.

조금 아쉬웠던건 마침 만덕관이 문을 닫아 내부를 볼 수가 없었다는 점이다. 다행히 바로 옆에 김만덕 묘가 있었고 안내문이 있어서 그분의 공로와 생애를 조금은 이해할 수 있었다. 서원이도 커서 나중에 김만덕 여사 같이 어려운 사람들을 도와줄 수 있는 배려심과 큰마음을 가지고 살았으면 좋겠다. 서원아, 너도 제주의 의녀가 되렴~

2. 삼양동 유적_청동기 시대로 우가우가

위치: 제주시 삼양동 (삼양해변 근처)

휴관: 연중무휴

시간: 09:00~18:00 (17:30분 이후 입장 불가)

입장료: 무료

주차비: 무료

인근 가볼만한곳: 삼양검은모래 해변, 올레길 18코스

다음 방문지는 차로 10분거리에 있는 '삼양동유적'이다. 이곳은 청동기 선사시대의 유물과 그들의 생활방식을 직접 눈으로 확인할수 있는 곳으로 무료 입장이고 만덕관에서 가까운 거리에 있어 주저없이 찾아가게 되었다. 주차장에 주차 후 길을 건너 정문으로 들어갔다. 코로나 때문에 발열체크를 하고 명부 작성을 한후 실내 전시관으로 이동했다. 바로 눈앞에 선사시대 움집을 연상케하는 내부가 보였는데 그 구조가 독특했다. 그시대 생활 모습을 점토로 그대로 재현해 놓았고 실제 사용하던 전시물도 한 눈에 들어왔다. 갑자기 그 당시 모형 점토를 보고 아빠가 왜 거기에 있냐며 놀리는 아내에게, 여보~하면서 나도 지지않고 다른 점토를 향해 외쳐 본다. 마치 가족 모두가 선사시대로 돌아간 느낌이라 한바탕 크게 웃었다.

실내 전시관을 나와 바로 옆 실외 유적지로 발걸음을 옮겼다. 실제 유적지를 돌아 보면서 출토된 그 당시 유물과 실제 사진들을 감상할수 있었다. 한참을 보다가 서원이가 여기 깊게 파진 유적지에 물건을 떨어트리면 어떻게 되냐고 다소 엉뚱한 질문을 하길래 '한번 해보면 알거야'라며 다소 엉뚱한 대답을 해줬다. (정말 실수로 귀중품을 여기에 떨구면 쉽게 못찾을 거 같은 생각이 들긴 들었다)

방향을 돌려 실외 유적지 뒤쪽으로 가보니 그당시 움집과 장방형 가옥들을 재현해 놓은 집터가 보였다. 가까이서 본 움집은 생각보다 사이즈도 크고 실내 공간도 넓었다. 움집 입구가 낮아 들어가기 불편할거 같다는 서원이 말에 그 당시에는 사람들 키가 서원이 보다 작았을 거라고 얘기해 줬다. 아마도 그때 태어났으면 서원이는 장신, 엄마는 거인, 아빠는 괴물이라며 너스레를 떨어본다. 쭉 지나가다 가장 큰 움집 위쪽에 창문같이 작은 공간이 있길래 '여기에는 창문도 있었나 보다'라고 말하니, 서원이는 창문이 아니라 강한 바람에 그냥 구멍이 난거 같다며 날카로운 눈썰미를 보여 줬다. 그러고보니 서원이 말이 맞는거 같다. 서원아, 움집보다 훨씬 좋은 우리집이 있어 참 다행이지?

3. 항몽 유적지_2년6개월 그 투쟁의 역사

위치: 제주시 애월읍

운영시간: 오전 10시~오후5시

입장료: 없음

참고: 연중오픈, 시원한 실내 기념관, 사진찍기 좋음

고려의 역사는 상대적으로 알려지지 않은게 많은 거 같다. 강감찬 장군, 고려청자 등 교과서에서 배운 단편적인 역사적 지식도 있지만, 역시적인 시기가 더 멀어서 그런지 조선 시대에 비해 아는 게 별로 없다. (나만 그런가?) 집에서 차로 10분 거리에 있는 이곳 항몽유적지는 고려 공민왕 때 몽골의 침입에 맞서 싸우다 장렬히 전사한 삼별초의 항쟁을 보여주는 전시장이다. 그 당시 무려 40년 동안 몽골의 탄압과 지배를 받았다는 사실, 그리고 이곳 제주에서 자그마치 2년 6개월 동안 항몽항쟁을 벌이다 모두 전사하고 말았다는 역사적인 사실을 그림과 글로 접하면서 씁쓸한 마음이 들었다.

지금 이곳은 해바라기와 수국이 아름답게 피어있고 예쁜 잔디밭이 그 푸르름을 더하면서 많은 관광객과 도민들이 사진 찍으러 오는 관광지로 유명해졌다. 그야말로 '핫스팟'이 된 거다. 하지만, 정작 여기에서 우리 조상들의 치열했던 항몽정신을 기리는 사람이 과연 얼마나 될까? 바로 옆동네에 사는 나부터 먼저 반성하게 된다. 그리고 이번 역사 탐방을 통해 그분들의 숭고한 애국정신과 희생을 기리며 감사한 마음으로 살아야겠다 다짐해본다. 서원이도 그날의 아픈 역사를 조금이나마 느낄수 있는 기회가 되었길 바라본다.

아이와 함께 실내 기념관을 둘러보다가 삼별초가 제주에서 항몽을 한 기간이 2년 6개월이라고 설명해줬더니 서원이는 '그것밖에 안 했어?'라고 반문한다. 전쟁은 참혹하고 잔인해서 결코 짧은 시간이 아니라고 얘기해 줬지만, 고개를 갸우뚱 하는게 아직 전쟁의 참상을 제대로 이해하기에는 어린 나이인 거 같다는 생각이 들었다. 서원아, 전쟁은 하루라도 있어서는 안 되는 거란다~

4. 김정희 추사관_유배지에서 삶의 꽃을 피우다

위치: 서귀포시 대정읍
운영시간: 오전9시~오후6시 (입장마감 오후5시반)
입장료: 무료
휴관: 1월1일, 설날, 추석 연휴
참고: 서예 및 제주가옥 체험가능

항몽유적지를 간단히 둘러본 후 서원이의 성화에 팥빙수를 시원하게 먹었다. 그리고 기분 좋게 김정희 추사관이 있는 대정읍으로 향했다. 2017년 대정읍 모슬포에 잠시 혼자 산 적이 있다. 그때 차로 지나가면서 김정희 유배지 간판을 얼핏 본 적은 있지만 이렇게 제대로 구경한 적은 4년 만에 처음이다. 사실 예전 살던 곳에서 이렇게 가까이에 있다는 사실에 조금 놀라기도 했다. 바로 코앞에 역사적인 유적지가 있었는데 전혀 인지를 못하고 무심하게 살았던 거다.

추사관은 그 당시 김정희 선생이 권력 싸움에서 밀려나 제주에서 8년 동안 유배 생활을 했던 거주지와 그 기념관이 있는 곳으로 2010년에 건립 되었다고 한다. 시, 서, 화에 능했던 실학자이자 당대 최고의 문체가였던 김정희 선생은 추사체라는 문체를 통해 그의 문학 정신과 사상을 세상에 널리 알렸다. 그 당시 아무것도 없던 척박한 유배 생활 속에서도 '세한도'와 같은 책을 쓰면서 적지 않은 문인들과 교류를 했다고 한다. 또한 그의 호가 '추사(秋史)'인걸 보면 가을이라는 계절을 마음에 담고 있었음을 유추해 볼 수 있다. (나는 개인적으로 봄이 좋다. 춘사 김태형 선생 ^^)

추사 김정희 선생의 거주지는 소박하고 생각보다 작았다. 용인민속촌을 생각한 건 너무 과한 기대였을까? 그분의 생가도 아닌 실제 거주지였다는 데 나름 안채, 바깥채, 별채도 있고 화장실과 창고도 있어 그 당시 절대로 작지 않은 규모의 집이었을 거다. 그 바로 옆에 추사관 기념관이 있었다. 지하로 내려가는 계단을 따라가면 입구가 나오고 그 안쪽으로 들어가 보면 하얀 벽에 그의 많은 작품과 역사적인 기록들이 빼곡히 전시되어 있었다. 워낙 '추사체'가 유명해서 그분이 쓴 작품을 뚫어지게 쳐다봤지만 한자인 데다가 흘려 써서 그런지 솔직히 큰 감흥을 느낄 수는 없었다. 그 명성과 위대함을 느끼기에는 아직 나의 그릇이 작은 거 같다.

서원이는 김정희 선생의 초상화를 보면서 할아버지가 조금 이상하게 생겼다고 얼굴을 찡그린다. 그 당시 사람들은 저런 옷과 얼굴 모습이라고 얘기해 주지만 지금의 모습과는 많이 다른 모습을 보면서 썩 좋아 보이지는 않는 거 같다. 김정희 선생의 스승인 소동파 시인의 추상화를 보면서는 얼굴이 이상하게 생겼다며 손을 가리켜 웃으며 지나간다. 지금의 아이돌 연예인 사진을 보다 보니 그간의 세월의 차이를 느낄 수밖에 없을듯싶다.

마지막으로 서예를 체험할 수 있는 방이 나왔다. 체험학습을 할 수 있는 좋은 기회인거 같아 우리 가족은 화선지에 먹물을 묻혀 붓으로 각자 생각나는 문구를 간단히 적어봤다. 나는 '서원 가족', 아내는 '행복한 우리 가족', 서원이는 '추사 김정희' 이렇게 말이다. 나는 어렸을 때 서예를 배워봐서 붓을 드는 게 그리 낯설지가 않았다. 반면에 그림 그리기를 좋아하는 서원이지만 붓은 거의 잡아본 적이 없어서 그런지 어떻게 잡을지 몰라 매우 어색해했다. 그래도 추사 김정희라는 글자를 열심히 적는 모습을 옆에서 지켜보면서 왠지 마지막 마무리는 잘한 거 같아 뿌듯했다. 서원아, 네가 쓴 5글자만 기억하면 오늘 수업 끝이다~

육아팁: 현장학습 팁 5가지

1. 채찍 말고 당근도 필요! (금강산도 식후경)

아이는 현장학습보다 사실 먹는 걸 더 좋아한다. 지난주에는 마카롱, 이번 주에는 팥빙수다. 다음번에는 뭘 사줘야 할까 고민이다. 부모의 욕심을 당근으로 조금 채워보자.

2. 실제 체험이 중요! (오감으로 느끼자)

보는 것도 좋지만 직접 체험하는 게 아이의 오감을 자극해 기억에 오래 남는다. 이번 서예 체험을 통해 '추사 김정희'라는 글자는 확실하게 기억할 거 같다.

3. 탐방 느낌을 말해보자! (생각이 중요하다)

자기 생각을 표현해야 생각하는 힘, 소통하는 힘이 생긴다. 그리고 아이의 생각과 느낌을 들어주고 공감해주는 부모의 태도도 못지않게 중요하다. 자신의 느낌이 받아들여진다는 걸 알게되면 더 깊은 생각을 하는 아이로 성장한다.

4. 하루 두 군데 이상은 무리! (다다익선이 정답은 아니다)

아이마다 다르겠지만 현장학습을 하루에 너무 많이 가는 건 좋지 않다. 이동 시간이 길면 힘들고 아이의 집중력이 흐트러져 오히려 역효과가 날 수 있기 때문이다. 경험상 하루에 두 군데 정도가 적당할듯싶다. 오전에 한군데, 아이가 좋아하는 점심을 먹고 오후에 한군데 다녀오거나, 오전 또는 오후에 두 군데를 본다면 반드시 중간에 간식타임을 가져 아이가 지루해하지 않게 시간을 잘 안배해야 한다. 많이 본다고 다 남는 건 아니다.

5. 장소 선택은 최대한 민주적으로!

부모가 가고 싶은 장소를 아이는 별로 관심이 없을 수 있다. 최소한 왜 가야되는 지 뭐가 좋은지 설명을 해주고 방문하자. 혹시 아이가 학교에서 배웠던 장소나 인물과 관련된 곳을 간다면 아이의 관심을 끌 수 있다. 아이에게 미리 물어보거나 교과서를 한번 확인해보는 수고를 아끼지 말자. 왜 가는지도 모르고 소처럼 끌려가면 몸만 갈 뿐 마음은 이미 다른 곳에 있을 뿐이다.

제2장
좋은 버릇이 평생 간다

밥 먹는 것도 3살 버릇이다

#순둥이 서원

서원이는 아주 어렸을 때부터 뭐든지 잘 먹었다. 엄마가 주는 모유와 이유식을 토하거나 거부한 적이 거의 없었다. 먹고 나서 트림도 잘했고 알레르기나 피부트러블이 난적도 내 기억에는 거의 없었다. 주는 대로 잘 받아 먹고 배변도 잘하는 아이였다. (아내 친구의 아이가 변비에 걸려 울면서 아주 힘들어하는 걸 보고 적지않은 충격을 받았다) 그야말로 전형적인 순둥이 형 아이다.

그런 서원이에게도 어린이집을 다니면서 한가지 힘든 점이 생겼다. 밥을 먹는 속도가 다른 아이들에 비해 현저히 느려 항상 거의 마지막으로 밥을 먹는다는 것이다. 밥을 천천히 꼭꼭 씹어 먹는 게 소화에 좋지만, 항상 마지막으로 밥을 먹는다는 건 별로 유쾌한 상황은 아니다. 꼭 나머지 공부하는 느낌이랄까 그럴꺼 같다. 집에서 저녁을 먹을 때도 항상 밥을 늦게 먹는 게 느껴졌다. 처음에는 밥이 맛이 없어서 그런가 보다 했는데 알고보니 먹는 속도가 느린 거였다. 곰곰히 생각해 보니 외동이라 그런지 음식을 먹을 때 경쟁심리가 없는 것도 그 이유 중 하나인 것 같다. 형제가 있다면 조금이라도 많이 먹기 위해 먹는 속도가 훨씬 더 빨라졌을 테니 말이다. 경쟁상대가 없는 대초원에서 먹이를 앞에 둔 암사자처럼 서원이도 식사를 서두를 아무런 이유가 없었고 빨리 먹고 다른걸 해야 한다는 조급한 생각도 들지 않았을게 뻔하다. 그야말로 느긋한 초원의 포식자다.

입맛과 기호는 자유

　서원이가 유치원을 다니기 시작하면서 또래들과 어울리게 되었고 어쩔 수 없이 과자와 아이스크림, 초콜릿의 세상 속으로 쉽게 빠져 들었다. 아이들이 먹는데 못 먹게 하면 친구를 사귈 수 없을 것 같아 말릴 수도 없었다. 장모님이 돌봐주는 시간이 늘어가면서 어쩌면 군것질이 그나마 낙이었을 런지도 모르겠다. 그렇게 밥 이외에 간식을 먹기 시작하면서 아이의 기호가 서서히 나타났다. 좋아하는 음식과 싫어하는 음식을 하나둘씩 표현하기 시작한 거다.

　그전까지는 밥 먹는 속도가 느렸지만, 편식을 한다든지 특별히 더 좋아하는 음식이 명확하지는 않았다. 하지만, 어느 순간 식탁에서 안 먹겠다는 표현을 하고 좋아하는 음식을 달라는 요구도 하기 시작했다. 아이가 커가면서 좋아하는 기호식품이 생기게 됨을 느끼는 순간이었다. 그래서 서원이가 좋아하는 베스트 음식과 싫어하는 워스트 음식을 소개해 보고자 한다. 앞으로 성장하면서 그 범위와 종류가 충분히 바뀌거나 확장될 수 있을 거다. 이 책을 읽는 여러분도 아이의 음식 기호를 얼마나 알고 있는지 한 번쯤 생각해볼 수 있기를 바라본다.

좋아하는 음식 4가지

1. 스파게티

서원이의 최애음식이다. 뭘 먹고 싶냐고 물으면 10번 중 8번은 스파게티다. 내 어린 시절 최애음식이었던 짜장면은 가끔씩 먹는 평범한 음식이 되어 버렸다. 스파게티 중에서도 토마토 스파게티와 까르보나라를 특히 더 좋아한다. 예전에는 항상 먹다 남기면 내가 먹어줘야 했지만, 지금은 느끼하지도 않은지 한 그릇을 다 먹을 정도로 식욕이 왕성해졌다. 집에서 엄마가 금요일 저녁마다 해주는 토마토 스파게티도 좋아한다. 아마도 이 최애음식은 당분간 변하지 않을 거 같다. 마치 내가 아직도 떡볶이를 못 잊어 하는 것처럼 말이다.

2. 미역국

아침에 어떤 국을 먹을거냐 물어보면 거의 대부분 미역국을 외친다. 국 요리 중에는 단연 1등이다. 몇 년 전 지인의 안내로 서귀포 바다에서 직접 미역을 채취한 적이 있다. 1년에 한 번 채취할 수 있는 절호의 기회를 놓치지 않은 거다. 우리 식구 3명이 일 년은 족히 먹을 수 있을 정도로 어마어마한 양을 수거해서 집에 말려 놓았다. 신선한 제주산 미역으로 정성 들여 끓인 엄마표 미역국은 서원이의 입맛을 단번에 사로잡았다. (물론 나도 마찬가지다) 그 이후로 미역국은 서원이가 단연코 좋아하는 국요리가 되었다. 신선한 미역에 쫄깃한 소고기까지 없던 입맛도 살아나니 밥 한 그릇을 뚝딱 비우게 하는 마력이 있다. 서원이 밥도둑은 미역국이다!

3. 버섯

신기하게도 서원이는 버섯요리를 좋아한다. 대부분의 아이는 버섯 특유의 향이 강해서 그런지 그다지 좋아하지 않는다. 그에 반해 서원이는 종류를 가리지 않고 버섯은 다 좋아한다. 기름에 살짝 볶아주면 맛있다고 웃으면서 쩝쩝 잘도 먹는다. 몸에 좋은 버섯을 잘도 먹어주는 서원이가 기특하고 대견하다. 서원아, 독버섯만 조심하면 된다. 사람도 마찬가지야~

4. 마카롱, 버블티, 라면

그 외에도 스타벅스 마카롱, 공차 버블티, 그리고 진라면 순한 맛을 좋아한다. 아빠는 라면을 빼면 마카롱은 너무 달아서, 버블티는 버블이 오징어 눈알 같아 징그러워서 별로 좋아하지 않는다. 라면도 진라면보다는 오동통한 너구리가 좋다. 서로 겹치지 않아 싸우지 않고 경쟁 없이 평화롭게 먹을 수 있는 우리 가족이 좋다.

싫어하는 음식 3가지

1. 파/양파/콩

매번 밥을 먹을 때마다 그놈의 '파' 전쟁이다. 국이나 요리, 밥에 흔히 들어가는 파, 양파, 콩을 전부 발려내고 먹는다. 내동생 어릴 적 모습이랑 완전 판박이라 신기하다. 항상 식탁에서 엄마와 실랑이를 벌이지만 안 먹겠다고 버티는 서원이를 이길 재간이 없다. 어쨌든 끼니를 거를 수도 없고 밥은 먹어야 하니 어차피 승부는 이미 결정된 셈이다. 서원이가 친절하게 (?) 골라낸 3총사는 고스란히 아빠인 나의 몫이 된다. 다행히 이 세 가지를 너무나 좋아하는 (특히 양파 마니아) 나이기에 편식하는 서원이가 밉긴 하지만 한편으로는 챙겨줘서 잘 먹고 있다. 요즘에는 기댈 언덕이 있어서 그런지 아주 대놓고 자기 권리인 양 내 밥그릇에 넘겨주는 표정이 당당하기 그지없다. 서원아, 편식은 나쁜 거란다. 그래도 나중에 커서는 아빠처럼 몸에 좋으면 다 잘 먹을거라 생각해~

2. 햄버거

다소 의외다. 이 또래 아이들이라면 최고의 패스트푸드 음식이 되어야 한다. 롯데리아에서 햄버거에 콜라 마시는 게 최고의 기쁨이라 해도 이상하지 않을 때이다. 그런 즐거움을 서원이는 '절대' 누리지 않는다. 그 이유는 참 단순해서 실소를 자아낼 정도다. 사실 예전에는 햄버거를 잘 먹었던 서원이다. 그 달콤한 유혹에 자유로울 수 있는 아이가 과연 몇 명이나 될까? 하지만, 햄버거 고기패티 감염소동이 있고 나서는 웬일인지 무서운 음식으로 각인이 되어서 그 이후로는 한 번도 먹지 않는다. 너무 안 먹어서 가끔은 햄버거를 권해도 고개를 저으며 단호하게 안 먹겠다는 의사 표시를 한다. 뭐 패스트푸드 안 먹으면 부모로서는 좋지만, 너무 한쪽으로 치우친 거 같아 살짝 걱정은 된다. 뭐든지 심하면 좋지 않으니까 말이다. 서원아, 나중에 아빠가 좋아하는 불고기 버거 세트 먹으러 가줄래?

3. 고기 비계

서원이는 비계를 싫어한다. 없어서 못 먹는 사람 입장에서는 입이 고급이다라고 생각할 수도 있다. 살코기를 좋아하는 아빠의 식성을 닮아서 그런지 물컹한 비계의 식감이 싫어서 그런지 몰라도 고기를 먹으면 항상 살코기 부분만 달라고 조른다. 그래서 돼지고기는 살코기 부분만 잘라서 주거나 소고기는 비계가 적은 목살만 주로 먹는다. 아마 형제가 있었더라면 이런 호의호식은 생각하지도 못했을 거다. 경쟁 상대가 있으면 한가롭게 비계 타령이나 할 수는 없었을 테니 말이다. 하나밖에 없는 외동이라 그런지 아이의 요구에 관심을 기울여 줄 수 밖에 없고 그런 특권을 내심 즐기는 서원이다. 선을 넘는 과도한 요구는 물론 제재하지만 가능한 선에서는 아이의 욕구를 최대한 들어주려 노력한다. 서원아, 삼겹살은 비계랑 먹어야 제맛인걸 언제쯤 알게 될까?

육아 팁: 올바른 식습관 및 밥상머리 교육 10가지

1. 3노 (No 핸드폰, No TV, No 책)

가족이 같이 저녁을 먹을 때는 절대 허용하지 않는다. 자칫 대화 없는 공허한 식사 시간이 될 수 있기 때문이다. 처음이 힘들지 규칙을 정하고 부모가 모범을 보이면 아이는 따라오게 되어있다.

2. 다 먹을 때까지 자리 뜨지 않기

아이와 대화하면서 식사에 집중할 수 있게 만들어준다. 왔다 갔다 하는 부모를 보며 아이도 움직이고 싶어 한다. 특히, 배가 부르거나 먹고 싶은 음식이 없을 때는 더하다. 가능한 차분한 분위기 속에서 식사를 마쳐야 움직일 수 있다는 사실을 계속 인지시켜야 한다.

3. 한번 집은 건 자기가 먹기

집에서라도 젓가락으로 집은 음식은 자기가 먹도록 교육하자. 다른 사람들과 같이 식사할 때 아이가 젓가락으로 뒤적거리는 모습은 보기 좋지 못하다. 집에서부터 연습해야 밖에서도 새지 않는다.

4. 마지막 남은 건 물어보고 먹기

마지막 음식이라고 아이 입장에서는 얼른 집어먹을 수 있다. 이때 먹고 싶은 마음은 이해해 주되 항상 다른 사람에게 먼저 먹어도 되냐고 물어보는 습관을 키워주자. 마지막 한 개를 날름 집어먹는 모습은 다른 사람이 보기에 이기적이고 얄미울 수 있다.

5. 솔선수범을 시키자

식사 시간에 아이가 간단하게라도 할 수 있는 일을 시켜서 책임감을 키워주자. 식탁을 닦게 한다든지 숟가락, 젓가락 세팅을 시킨다든지 하면 아이도 가족들에게 도움을 줄 수 있다는 마음이 들어 밥맛도 더 좋아진다. 아이라고 못하는건 없다.

6. 간식은 밥 먹고 나서

많은 아이가 항상 간식 때문에 식사 시간을 망친다. 과도한 간식은 아이의 입맛을 버려 균형 잡힌 영양 섭취를 방해한다. 최소 식사 시간 30분 전에는 간식을 피해 주자. 그리고 식사 후에는 먹고 싶은 간식을 먹을 수 있도록 일정선에서 허용해 주자.

7. 먹고 나서 간단한 마무리는 필수

자기가 먹은 밥그릇, 숟가락, 젓가락은 최소한 싱크대에 놓는 습관이라도 길러주자. 밥 다 먹었다고 몸만 쏙 빠져나가는 건 자칫 책임감이 없는 아이로 자랄 수 있다.

8. 밥투정에는 무관용 원칙

아이의 밥투정을 들어주다 보면 어느 순간 습관이 된다. 그리고 자신의 요구를 들어주는 부모를 보면서 그 정도는 날로 더 심해진다. 밥투정이 심할땐 한 끼 정도는 굶기는 극약처방도 써보자. 굶어보면 밥이 맛있는 걸 알고 배고픔의 고통을 몸소 체험할 수 있다. 한 끼 안 먹는다고 큰일 나지 않는다. 이때는 간식도 절대로 주면 안 된다.

9. 고마움을 말로 표현하는 연습을 시키자

먹기 전에 '잘 먹겠습니다', 먹고 나서는 '잘 먹었습니다' 감사의 마음을 표현하게 하자. 마음에서 우러나오지 않더라도 습관을 들이면 점차 좋은 에너지와 기운이 나온다.

10. 입안에 음식을 가득 둔채 대화는 실례다

식사 시간에 대화는 아주 좋은 습관이다. 하지만, 입안에 음식물이 있는 상태에서 크게 입을 벌리고 음식을 튕기면서 말하는 건 식구들에게는 용납이 될지도 모르지만 타인에게는 아주 불쾌한 행동이다. 약간의 음식물은 괜찮지만 입안 가득 씹으면서 말하는 건 상대방에 대한 실례임을 알려주자.

아이의 눈을 지켜주자

#1년 전 그때

핸드폰도 없던 서원이가 지난번 호주를 다녀오고 나서는 갑자기 티브이 속 자막이 잘 보이지 않는다고 했다. 멀지도 않은 거리인데 자꾸만 눈을 내리뜨면서 티브이를 보고 조금씩 앞으로 나가서 보려고 할 때부터 조금 이상하긴 했었다. 아이가 직접 이렇게 이야기 할 정도면 이미 많이 불편했다는 증거다. 걱정스러운 마음에 서둘러 안과 몇 군데를 들러 시력검사를 했고 결과는 생각보다 많이 안 좋았다. 안과 선생님도 안경을 안 쓰는 아이가 이렇게 시력이 나쁜 경우는 매우 드물다고 할 정도였다. 호주에서 2달 반 동안 무슨 일이 있었는지 같이 있지 않아서 잘은 모르겠지만, 아마도 주로 집에서 생활하면서 책보고 티브이만 봤던 게 그 원인일까 추정만 할 뿐이다.

그렇게 우려했던 데로 역시나 서원이는 안경을 쓰고 말았다. 와이프는 속상한지 미안해서 그런지 집으로 오는 차 안에서 눈시울을 계속 붉혔다. 이제 초등학교 3학년인데 벌써 안경을 쓰다니 안쓰럽고 서글픈 마음이 들었을 거다. 안경을 쓰고 멋쩍은 듯 웃고 있는 아이를 보고 있으니 아빠도 지켜주지는 못해 미안한 마음뿐이었다. 이제 고작 3학년인데 말이다.

#1년 후 어느날

며칠 전 서원이가 학교에서 뒤에 앉으면 칠판 글씨가 잘 안 보인단다. 선생님께 말씀드리니 부모님과 함께 시력검사를 받아보라고 말을 전해 듣는 순간 덜컥 겁이 났다. 그사이에 또 눈이 나빠졌을 거라는 불길한 예감이 든다. 하긴 성장기 아이는 최소한 6개월에 한 번 정도는 시력검사를 해야 되는데 어쩌다 보니 1년이 훌쩍 지나가 버렸다. 그때까지만 해도 휴대폰이 없던터라 이런저런 이유로 패드를 보는 시간이 계속 늘어나고 있었다. 책상에서 글씨를 쓸 때도 나의 잔소리에도 불구하고 여전히 바닥에 닿을 듯 고개 숙여 쓰는 습관은 고치지 못하고 있었다. 본인도 노력하는데 잘 안된다고 하니 아빠도 참 답답하기만 했다.

그런 와중에 토요일 오후, 지인과의 저녁 약속 전 시간을 잠시 내서 지난번 안경을 맞춘 안경원에 아내와 함께 다시 방문했다. 1년 전 계셨던 사장님은 안 계시고 그분보다 훨씬 젊은 직원이 우리를 맞이했다. 아주 크지는 않아도 깔끔한 실내와 친절한 직원, 편리한 주차공간이 있어 이용하기엔 그리 나쁘지 않았다. 이내 검사실에서 서원이가 시력검사를 받았다. 보통은 서서 시력검사를 하는 반면에 이번에는 앉아서 렌즈를 끼고 도수를 측정하는 검사를 받았다. 녹색/적색에 있는 글씨를 보면서 어느 쪽이 선명하게 보이는지 확인하고 숫자 크기도 바꾸면서 시력을 체크했다. 머뭇머뭇 자신 없어 하는 서원이를 옆에서 지켜 보면서 그냥 보이는 대로 자신있게 읽으면 된다고 용기를 북돋아 주었다. 서원이는 조금은 얼떨떨한지 어색한 표정이었지만 꽤 담담하고 차분하게 안내에 따라 하나씩 검사를 마쳤다.

시력검사 결과는 우리의 깊은 한숨을 내쉬게 했다. 보통, 이 또래 친구들은 100디옵터(도수단위) 정도 나빠지는데 서원이는 200디옵터 이상 나빠졌다는 거다. 특히, 왼눈이 훨씬 더 안 좋다고 한다. 이 정도면 얼마나 안좋은 거냐고 물어보니 또래 친구가 10명이라고 하면 안 좋은 순서로 따지면 위에서 3번째 정도라고 말해준다. 뭐 상위 30프로도 아니고 상당히 안좋은 수준같다. 이번에는 서원이에게 안경 점원이 얘기한 내용을 꼭 새겨들으라고 단단히 주의를 줬다. 아무리 내가 얘기해봐야 도통 먹히질 않으니 이분의 얘기가 조금 더 효과가 있을 거라 생각했다. 노력해 보겠다며 고개를 끄덕이는 서원이, 미워할 수가 없다. 에구~

결국 한 번에 200디옵터는 너무 높아서 중간 정도로 해서 안경을 새로 맞추었다. 이전 안경테도 늘어나서 이참에 테까지 새로 샀다. 성장기 아이에게는 아주 좋은 것도 필요 없을 거 같아서 적당한 수준에서 비용을 지불하고 안경점을 씁쓸하게 빠져 나왔다. 아빠도 고도근시였고 엄마도 안경을 쓰고 있으니 서원이도 피해갈 수 없을 거라 생각은 했지만 그 시점이 너무 빨리 온 것 같다. 나중에 어른이 되면 시력 교정 수술을 받으면 된다고 위로해 보지만 여학생인데다가 앞으로 계속 안경을 끼고 학창 생활을 보내야 한다면 여러모로 불편할 게 뻔해 보인다.

지켜주고 싶다!

아이의 시력을 지켜주는 건 정말 어렵다. 그렇다고 책을 안 볼 수도 공부를 안 할 수도 없고 티브이를 안 볼 수도 없다. 몇 달 후에는 미루었던 핸드폰도 아이의 성화에 못 이겨 사주기로 약속까지 했다. 계속 서원이의 시력을 위협하는 요소들만 주위에 가득하다. 원시 밀림에서 살 수도 없고 고민만 가득하다.

육아 팁: 시력 지켜주기 팁 6가지

1. 시간을 정해놓고 티브이나 핸드폰을 보자. (한 시간 정도 보면 반드시 5~10분 정도 휴식을 취해야 한다)

2. 책을 읽거나 글씨를 쓸 때는 일정한 거리를 유지할 수 있도록 지도하자. (시력뿐만 아니라 자세도 안 좋아 질 수 있다)

3. 야외 활동을 최대한 많이 해주자 (책, 핸드폰이 아닌 멀리 떨어져 있는 푸른 사물을 많이 보면 시력에 좋다)

4. 정기적으로 눈 검사를 하자 (6개월에 한 번은 체크하는 게 좋다. 생각보다 쉽지는 않다)

5. 일정한 수면 패턴을 유지하자 (불규칙한 습관은 눈근육 성장에 방해를 줄 수 있다)

6. 흔들리는 차 안이나 침대에 엎드려 보지 않도록 하자. (시야의 중심을 잡기 힘들거나 불안정한 자세는 눈의 피로도를 증가시킨다)

하브루타, 질문속에 답이 있다!

공기 인간 유대인

육아에 대한 관심을 갖고 주위를 살피다 보면 책이나 각종 언론매체를 통해 나오는 유대인 교육과 하브루타의 효과를 심심치 않게 확인할 수 있다. 전체 인구가 고작 400만밖에 되지 않는 유대인들이 세계에서 0.01%에 속하는 유명한 인사들을 그토록 많이 배출하는 이유는 무엇일까? (천재학자 아인슈타인, 케네디 대통령, 스필버그 감독, 기업가 빌 게이츠 등 셀 수 없이 많다) 우리는 흔히 유대인하면 탈무드나 나치 시대의 홀로코스트 혹은 팔레스타인과의 갈등을 겪고 있는 가자지구를 떠올린다. 하지만, 오랜 기간 나라 없는 설움을 겪으면서도 '공기 인간'이라는 말을 들을 정도로 강한 생존력을 가진 그들의 비결을 궁금해하는 사람은 그리 많지 않다. 나도 최근에야 오랜 세월 유대인 민족으로서 자부심과 전통을 유지할 수 있었던 비결이 바로 유대인 부모의 특별한 교육철학에서 비롯된다는 걸 알게 되었다. 그래서 그들의 특별한 교육방식, 특히 서로 묻고 답하는 하브루타 교육에 대해 소개해 보고자 한다.

유대인 부모의 교육

1. 유대인은 공부는 평생 죽을 때까지 하는 것이라 배움에 조급하지 않다. (7세 이전까지는 놀이와 체험을 통해 우뇌를 충분히 발달시킨다)

2. 아이의 머리를 비교하지 말고 아이의 개성을 비교하라. (남들과 다른 아이로 키워라)

3. 말로 설명할 수 없으면 모르는 것이다. (대화, 토론, 질문과 답하기로 사고력과 창의력을 기른다)

4. 가르치는 대화가 아닌 견해를 밝히는 대화를 하자. (강요나 잔소리가 아닌 의견과 생각을 공유하자)

5. 부모는 경청, 인내와 기다림을 가져야 한다. (아이의 실패 경험은 가장 훌륭한 교사이다)

6. 아이에게 학교에서 뭘 배웠냐고 묻기보단 '뭘 질문했니'라고 물어본

다. (질문을 독려한다)

유대인의 특징을 알아보자

1. 세계 최초의 의무교육을 도입한 민족
2. 모계혈통을 따름 (엄마가 유대인이면 아이도 유대인)
3. 13세에 성년식을 치러 사춘기가 없다
4. 탈무드와 타로라는 율법을 공부한다
5. 전 세계 가장 영향력 있는 인물을 배출한다
6. 성질이 급한 사람은 부모와 선생님이 될 수 없다고 생각한다

하브루타 교육, 그것이 알고 싶다!

유대인 교육에 있어 가장 흥미로운 부분이 바로 질문과 토론 방식의 하브루타 교육법이다. 말하기 교육을 중시하는 유대인들은 말하지 못하면 아는 게 아니라고 생각한다. 그래서 항상 대화와 토론, 논쟁을 통해 자신만의 생각과 논리를 개발하는 교육을 받아왔고 그 중심에 바로 '하브루타'가 있다.

유대인들은 항상 '왜'라는 의문을 가지고 끊임없이 고민하고 질문을 던진다. 하브루타 교육에서는 자유로운 질문과 대답, 토론을 통해 개인의 사고력과 창의성을 개발할 수 있다고 믿는다. 그래서, 수동적으로 듣고 적

기만 하는 교육이 아니라 스스로 판단하고 타인의 생각을 물어보고 또한 답함으로써 적극적으로 본인만의 가치관을 정립해가는 과정을 중요하게 생각한다.

우리는 흔히 아는 것과 모르는 것 사이에 내가 '안다고 착각하는 것들'이 많이 있다. 이는 말하기를 강조하는 하브루타 교육을 통해서 쉽게 변별할 수 있도록 도와준다. 즉, 내가 아주 쉽게 설명할 수 없고 말문이 막힌다면 그건 알지 못하는 것이라는 판단이다. 정답만을 고르는 수동적인 객관식 시험에 익숙한 우리에게는 그야말로 낯선 사고방식이자 교육 방법이라 할 수 있다.

하브루타 질문 방법 4가지

1. 내용 확인
예) 사막은 어떤 곳인가?
2. 유추, 추론
예) 사막에 나무를 심으려면 어떻게 해야 될까?
3. 본인에게 적용
예) 내가 사막에서 산다면 어떨까?
4. 의미, 교훈 환기
예) 사막은 왜 있는 걸까?

하브루타 몸소 실천하기

서원이는 4, 5살때쯤부터 질문을 하기 시작하면서 궁금증이 참 많은 아이였다. 갑자기 '왜?'라는 단어를 사용해서 주의의 모든 사물과 현상에 대해 귀찮을 정도로 물어봤다. 가끔은 너무 황당한 질문에 어떻게 답해줘야 할지 몰라 그냥 헛웃음만 나올 때도 있었고 또 어떤 때는 내 나름대로 차분히 설명해줬지만, 아빠의 답변에는 관심 없다는 듯 금방 딴 행동을 하며 귀담아듣지 않을 때도 있었다. 그래서 나도 차츰 서원이의 질문에 관심을 두지 않게 되었고 그런 아빠의 무관심한 태도에 아이도 언젠가부터 질문을 하지 않게 되었다. 오히려 언제부터인가 아빠의 확인용 질문들(밥 먹었어? 양치는 했니? 숙제는 하고 노는 거지?)만 많아지면서 서원이는 은연중에 질문에 대한 부정적인 생각도 가지게 된 거 같다. 갑자기 예전에 호기심 어린 표정으로 나에게 질문하던 서원이가 그리워졌다.

그래서 하브루타 질문법을 서원이와 함께 적용해 보고 싶었다. 단순하게 사실 확인용 질문이 아닌 아이의 사고능력을 키워줄 수 있는 하브루타 질문을 해보는거다. 우리 가족의 2가지 실천 방법을 소개해 보고자 한다.

1. 저녁 먹으면서 질문하기

저녁 시간은 식구들이 함께 모일 수 있는 거의 유일한 시간이다. 하브루타 질문을 하기에 이보다 더 좋은 기회는 없는 셈이다. 저녁 식사가 시작되면 서원이는 준비한 바구니를 하나 가져온다. 바로 식구 각자가 미리 자신이 생각하는 질문을 적어둔 종이쪽지가 들어 있는 바구니다. 바구니 안에 있는 쪽지를 임의로 뽑아서 돌아가면서 자유롭게 질문을 한다. 질문은 대게 '왜 하늘은 파란색일까?' '졸리면 왜 하품이 날까?' '공기가 없으면 어떻게 하면 될까?'라는 식으로 주로 '왜' 또는 '어떻게'라는 단어를 사용해서 의문문을 만든다.

　이때 주의사항은 닫힌 문장(졸리면 하품이 나오나요? 공기가 없으면 죽을까요?)으로 질문을 만들면 안 된다는 점이다. 또한, 질문에 대한 답은 어떠한 형태와 내용이더라도 상관이 없고 상대방은 절대로 평가해서는 안 된다는 점이다. 옳고 그름을 떠나 상대방의 생각을 있는 그대로 수용해 주면 된다. 평소에 생각해 보지 않던 질문에 대한 자기만의 답을 하려면 생각보다 쉽지가 않다. 스스로 생각하지 않으면 절대 답을 할 수가 없기 때문이고, '그냥'이라는 성의 없는 대답은 허용이 안된다.

　2. 전화로 묻고 답하기

　한동안 서원이와 나는 매일 저녁 15분씩 전화 통화를 한 적이 있다. 코로나로 자가격리를 하면서 서로 대화를 할 수가 없게되자 궁여지책으로 생각해낸 방법이었다. 처음에는 주로 서로의 안부를 물어봤다. 하지만, 매일 짧은 안부를 묻는 거로는 대화는 그리 오래가지는 않았고 재미도 없었다. 대신 아래 4가지 질문을 하면서 우리 대화에도 놀라운 변화가 생겼다.

　- 오늘 하루 고마웠던 일은?
　- 오늘 하루 다행이었던 일은?
　- 내일 중요한 계획은?
　- 상대방의 장점 1가지씩 말하기!

질문을 어쩔 수 없이 전화로 하게 되다 보니 얼굴을 보고 얘기하는 것보다 덜 쑥스럽고 마음도 훨씬 편해 얘기가 술술 나왔다. 가끔 뭐가 있지 하고 서원이가 고민을 할 때면 내가 먼저 대답을 하면서 아이에게 생각할 시간을 주었다. 특히, 마지막 서로의 장점을 얘기해 줄 때는 가슴이 따뜻해지면서 서원이가 이런 것까지 생각하는구나 나름 세심한 마음마저 느껴져서 감동을 받은 적도 여러 번 있었다. 이 질문들에 답을 하면서 나에게 오늘 하루 고맙고 행복하고 다행이었던 일들이 많았다는 긍정적인 생각이 저절로 든다. 그리고 상대방의 장점을 얘기하다 보면 그 사람이 더 좋아 보인다. 평소에는 놓칠 수 있었던 부분이 어느새 더 큰 장점으로 다가와 그 사람을 밝게 비추어 주기 때문이다. 짧은 시간이지만 그야말로 효과 만점 대화법이다.

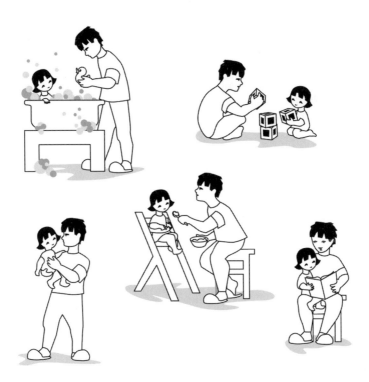

육아 팁: 하브루타 주의사항 5가지

1. 질문과 대답에 대한 판단과 평가는 절대로 하지 말자 (옳고 그름을 따지는 순간 주저하게 되면서 말문도 막힌다)

2. 아이의 질문에 어떻게 답해줘야 할지 모르겠다면 아이에게 '너의 생각은 어떠니'(마따호세프)'라고 역질문을 해보자

3. 세상의 모든 게 질문이 될 수 있다는 열린 마음으로 가볍게 질문하자 (질문도 처음엔 쉽지 않다)

4. 저녁을 먹을때가 좋다 (호르몬 분비로 뇌 활동이 활발해진다)

5. 폐쇄형 질문이 아닌 개방형 질문을 하자 (~하지? 예/아니요 대답 -> 왜/어떻게? 자유로운 대답)

스킨십도 다 때가 있다

#모닝 스킨십

서원이는 7시 30분에 일어난다. 예전에는 7시에도 일어났는데 조금씩 게으름을 피우더니 지금은 30분이나 늘어졌다. 졸린 눈을 비비며 계단을 내려오는 모습이 내 딸이라 그런지 마냥 귀엽기만 하다. 그런 딸이 내려와서 제일 먼저 하는 일은 강아지와의 스킨십이다. 아쉽게도 순번에서 강아지에게 밀린 것이다. 강아지를 안고 '아이고 이뻐~'라며 손으로 쓰다듬어 준다. 팔을 뻗어 간절한 눈빛을 보내고 있는 나를 향해 조금은 마지못해 짧게 안아준뒤 엄마에게 가서 볼을 비비며 조금 더 길게 안아준다. 왠지 나만 대충 안아주고 시간도 제일 짧은 거 같아 섭섭한 생각이 드는 건 어쩔수 없는 사실이다. 그래서 어떨 때는 놓아주지 않으려 떼를 써보지만 금세 도망가 버린다. 그 모습을 옆에서 아내가 재밌다는 표정으로 지켜본다.

부모와 자식 간에 스킨십의 중요성은 너무나 잘 알려져 있다. 하지만, 막상 실생활에서 실천하고 있다는 부모는 많지 않는 거 같다. 대부분 어색해서 꺼리다 보니 아직 습관이 형성되지 못한거다. 하지만, 어색함을 뚫고 눈 감고 하기 시작하면 어느 순간부터는 아무렇지도 않다. 물론 형식적인 스킨십으로 시작하더라도 결국엔 서로가 사랑과 애정을 느껴야 오래갈 수 있다. 말을 안 해도 서로가 느낄 수 있다. 피를 나눈 부모/자식 간에는 더 말할 필요가 없다.

짧지만 부모와 스킨십을 하는 아이는 부모의 사랑을 느낄 수 있어 정서적으로 안정되고 밖에서도 자신감을 가질 수 있다고 한다. 한마디 말보다 때로는 따뜻한 포옹이 더 큰 힘을 발휘할 때가 있다. 아침이라 솔직히 입 냄새가 조금은 부담스럽기도 하지만 사랑스러운 딸인데 어쩌랴? 그마저도 사랑스럽다. 딸바보 인증!

출퇴근 스킨십

출근 준비를 하고 문을 나서면 아내와 딸, 세븐이가 나와서 인사를 한다. 하지만, 재미있는 건 모두의 목적은 제각각이라는 거다. 아내는 혹시 놓고 가는 게 없는지 마지막 확인을 하기 위해 나온다. 핸드폰, 계란(오후 간식이다), 블루투스 이어폰, 책, 쓰레기봉투(분리수거하는 착한 남편), 자동차 키 등 챙겨야 할 아이템이 적지 않다. 강아지 이놈은 내가 주는 간식을 먹기 위해서다. 신발장에 간식을 놓고 나갈 때마다 하나씩 준다. 이걸 눈치 챈 영리한 강아지는 내가 나가려고 하면 쳐다보고 있다가 금세 달려 나온다. 먹는 거 하나에 올인하는 친구다. 마지막으로, 서원이는 달려 나오는 세븐이를 막으러 나온다. 가끔 열린 문을 통해 쇼생크 탈출을 시도했기 때문이다. 그래서 문 앞에 있을 때는 강아지를 항상 조심해야 한다. 그 역할을 서원이가 든든히 하고 있다.

아내와 딸 아이에게 차례로 뽀뽀를 하고 강아지에게는 가볍게 머리를 쓰다듬어 준 후 출근을 한다. 가끔 장난꾸러기 서원이가 뽀뽀를 하려고 다가가면 하~ 하고 입 냄새를 풍기는 바람에 인상을 찌푸릴 때가 있다. 11살 아이지만 입 냄새는 어른 못지 않게 역한(?) 냄새가 진동한다. 그래서 숨을 참고 빠르게 입맞춤을 하고 얼굴을 은근슬쩍 돌려 버린다. 퇴근 후도 마찬가지이다.

#취침 스킨십

우리 가족은 특별한 일이 없으면 10시쯤 잠자리에 든다. 내가 아침 일찍 일어나야 하기 때문이기도 하지만 서원이 영어 과외가 끝나는 시간이기도 하다. 저녁 10시가 지나면 약속이나 한 듯 화장실에 모여 가족 모두 양치를 시작한다. 같이 거울을 보면서 양치를 하고 난 후 내가 먼저 마무리를 하고 아이의 마무리도 도와준다. 서원이가 11살이지만 아직까지 마무리는 내가 도와주고 싶다. 지난번 치과에 가서 상담을 받을 때도 의사 선생님이 서원이의 충치를 보면서 아직은 닦아주는 게 좋다는 조언을 들었기 때문이다.

양치가 끝나면 이제 굿나잇 키스 타임이다. 1층에서 간단히 뽀뽀를 한

후 각자의 방으로 들어가면서 하루를 마무리한다. 양치해서 그런지 시원한 치약 냄새가 아침 뽀뽀보다 훨씬 더 상쾌한 기분을 가져다준다. 아침에도 일어나서 바로가 아니라 양치하고 나서 할까 심각하게 고민 중이다.

스킨십의 힘

이렇게 우리 가족은 포옹으로 시작해서 뽀뽀로 하루를 끝마친다. 스킨십은 말로 표현할 수 없는 *끈끈한* 감정과 따뜻한 온기를 나눌 수 있는 훌륭한 방법이다. 백마디 말보다는 조용히 안아주는 게 더 큰 위로가 될 수 있는 이유이기도 하다. 매일 짧지만 이렇게 아침, 저녁으로 스킨십을 하면서 무언의(?) 가족의 정을 쌓아가고 있다. 앞으로는 어떤 다른 방법으로 스킨십을 해볼지 생각 중이다. 서원이가 가끔 시도하는 코 인사나 발 인사, 엉덩이 인사도 독특하고 괜찮은 거 같다. 여러분도 가족과 스킨십을 하고 있는지 한 번쯤 생각해보자. 혹시 전혀 하고 있지 않다면 오늘부터라도 가볍게 어깨를 두드려주는 것부터 시작해 보는 게 어떨까 싶다.

육아 팁: 나만의 스킨십 방법 5가지

1. 갑자기 스킨십하자며 수염 난 얼굴을 비비면 스킨십에 대한 반감과 부정적인 생각만 자라날 수 있다.

2. 아침에 일어난 후 저녁에 잠자리에 들 때 출퇴근할 때 그리고 일상 속에서 자연스럽게 하나씩 스킨십을 시도해보자. (ex 하이파이브, 가벼운 포옹 등)

3. 같이 걸어갈 때도 손을 잡고 걸어가 보자. 손을 잡는 건 가장 쉬우면서 훌륭한 스킨십의 하나이다.

4. 스킨십을 했을 때의 좋았던 감정을 표현해보자. 스킨십에 대한 긍정적인 태도를 가질 수 있다.

5. 아이가 어색해하더라도 꾸준히 실천하자. 습관이 되면 이내 자연스러워진다.

제3장
기억은 사랑을 싣고

사랑받기 위해 태어난 아이

#3대 기념일

　서원이가 1년 중 가장 기다리는 날은 3번 있다. 어린이날, 생일 그리고 크리스마스다. 그중에서 가장 좋아하는 날은 단연 생일이다. 어린이날은 부모님과 함께 가고 싶은 곳에서 마음껏 놀 수 있고 크리스마스에는 원하는 선물을 받을 수 있지만, 생일날은 선물도 받고 친구들과 마음껏 놀면서 맛난 것도 먹을 수 있는 날이기 때문이다. 그런 서원이의 10번째 생일이 어제 지나갔다. 그런 의미에서 서원이의 지금까지의 생일을 한번 집어 보기로 하자.

#3살, 최초의 홈파티

돌잔치 이후 제대로 파티를 한 건 2013년 서원이가 3살 때로 기억한다. 경기도 동탄에 계시는 부모님 집에서 여동생 부부와 함께 처음으로 케이크도 사고 촛불도 켜고 손뼉도 쳐가면서 제법 그럴듯하게 생일파티를 해줬다. 아마 서원이도 이때부터 생일은 이런거구나 어렴풋이 알기 시작했을 거다. 생일 축가가 끝나고 '안 불어지네~'라고 입안에서 옹알거리면서 엄마와 함께 촛불을 끄던 모습이 두 눈에 선하다. 할아버지, 할머니까지 온 가족이 진심으로 축하해주던 따뜻한 가족애를 서원이도 충분히 느꼈을 거라 생각한다.

#8살, 초딩 첫 생파

서원이가 초등학교를 입학한 2018년 8살 생일파티는 처음으로 친구들을 초대해서 인근 수영장에서 신나게 놀았다. 다행히 서원이 생일은 여름 방학을 앞둔 7월 중순이기 때문에 무더위를 날려줄 수영장이 최고의 생일파티 장소였다. 마침 집에서 아주 가까운 경마공원에서 야외 수영장을 오픈했고 가성비 최고인 이곳에서 생일파티를 하기로 했다. 친구와 언니, 오빠들을 초대해 종일 물에서 신나게 놀고 맛난 음식도 실컷 먹고나니 저녁에 떡실신이 될 정도로 골아 떨어졌다. 초딩 첫 생일파티를 아주 격렬하게 (?) 보냈다.

9살, 초딩 2학년 생파

서원이 9살 생일은 놀이공원에서 비교적 조촐히 보냈다. 친구 3명을 초대해 물총도 쏘고 놀이기구도 타면서 신나게 놀았다. 배가 고프다고 해서 피자랑 치킨을 시켜주니 정말 게 눈 감추듯 친구들과 함께 먹어치웠다. 특히, 먹성 좋은 친구의 식욕은 정말 대단했다. 서원이가 워낙 말라서 몸매가 비교되긴 했지만, 옆에 서 있는 그 친구를 보면 친구가 아니라 마치 언니 같은 강한 포스를 뿜어낸다. 같이 온 남자친구(남친은 아니라고 극구 부인)는 자기 생일에 서원이를 초대했기 때문에 자기도 초대를 받은거 갔다면서 남자 혼자인데도 큰 신경을 쓰지 않는 눈치다. 아직 이성에 대해서 크게 민감하지 않는 나이라 9살 생일파티도 그렇게 무탈하게 지나갔다.

10살, 코로나 생일파티

2020년 코로나가 전국을 휩쓸고 있던 7월이었다. 제주도는 육지보다 그나마 안전했지만 사람이 많은 공공장소나 실내는 모두가 꺼려했다. 아무리 생각해봐도 생일파티로 놀이공원이나 수영장은 적당해 보이지 않았다. 친구들 부모님도 이 시국에 아이를 보내기 꺼리는 눈치였다. 그래서 서원 엄마를 통해 인근 카페에서 제공하는 쿠킹클래스를 알게 되었고 코로나에 그나마 가장 적당한 장소 같아 보였다. 평소 요리를 좋아하는 서원이 이기 때문에 직접 요리체험도 친구들과 같이 할 수 있고 그 자리에서 요리한 음식을 바로 먹으면서 생일파티도 조용히 할 수 있었다.

11살, 동서양 퓨전 생일케이크

11살 생일파티는 소박하게 집에서 보냈다. 갑작스러운 코로나 4차 대유행으로 이전에 계획했던 워터파크도 취소하고 비가 온다는 예보에 뒤뜰 수영장 계획도 포기했다. 결국, 절친 1명만 초대해 그냥 집에서 조촐하게 생일을 보냈다. 조금 아쉬워하는 서원이를 위해 좋아하는 미역국에 한우 소고기를 넣어 정성 들여 준비했고 하트모양 백설기 떡도 샀다. 지인이 선물해준 쿠폰으로 맛있는 케이크도 사고, 서원이가 최고로 좋아하는 문방구쇼핑도 다녀왔다. (서원이는 문방구에서 장난감 사는 걸 세상에서 제일 좋아한다)

아빠의 생일축하 편지

서원아, 만으로 10번째 생일 축하해 ^^
드디어 우리 서원이도 이제 10대 소녀가 되었네. 제주에 와서 초등학교 입학식 했던 게 엊그제 같은데 참 시간이 빠르네.

하루가 다르게 숙녀의 모습으로 커가는 서원이를 볼 때마다 아빠는 대견하고 한편으로는 어린 시절의 서원이 모습을 더 보고 싶은 마음도 있어 아쉽기도 하단다. 그래도 가장 중요한 건 서원이가 건강하게 밝은 모습으로 자라는 거겠지?

지난주에 핸드폰 샀다고 너무나 좋아하던 모습이 생각나네. 친구들보다 너무 늦게 사준 건 아닌가 싶지만, 서원이를 핸드폰한테 뺏기고 싶지 않아서 그랬던 거 알고 있지? 물론, 서원이가 TV 보는 것처럼 핸드폰도 잘 관리할 거라 믿지만 핸드폰은 항상 들고 다닐 수가 있어서 조금 걱정되는 것도 사실이야. 앞으로 서원이가 계속 아빠에게 믿음을 보여준다면 핸드폰 시간 더 늘려줄게~

서원이가 아빠 딸인 게 너무나 자랑스럽고 기쁘단다. 사랑해~

사랑하는 아빠가

해외여행 또 언제 가요?

백수도 해외 여행 갈 수 있다

2014년 12월, 백수 생활 7개월째인 나는 가족들과 함께 과감히 해외여행을 다녀오기로 했다. 생각보다 더 길어진 구직생활이 답답하게 느껴졌고 해외여행에 대한 갈망이 있었기 때문이다. 서원이가 4살로 아직은 어리지만 일찍이 해외 경험도 시켜주고 싶었다. 곧바로 해외여행을 검색했고 필리핀 세부로 4박 5일 여행을 가기로 했다. 에어텔(호텔 및 비행기만 예약, 나머지는 자유여행)패키지만 예약하고 세부행 비행기에 몸을 실었다.

그 당시 세부에는 아이와 함께 숙박하기에 적당한 호텔이 대략 세 군데(샹그릴라, PIC, 제이파크)정도 있었다. 물론 더 비싸거나 저렴한 호텔도 많이 있었지만, 아이들과 놀만 한 수영장이 있고 호텔 바로 앞에 해변이 있는 샹그릴라 호텔이 가장 구미에 당겼다. 세부는 워낙 작은 섬이라 호텔이 거의 몰려 있고 시설 수준도 엇비슷하다. 그래서 아이의 나이와 부모의 취향, 그리고 경제적인 여유에 따라 호텔을 선택하면 좋을 거 같다.

여행 내내 리조트에만 있다 보니 조금 답답한 감이 있었다. 호텔 식당 음식도 처음에는 신세계였지만 매일 같은 장소에서 식사를 하다 보니 약간 지겹기도 했다. 그래서 가족들과 용기 내어 시내로 나가보기로 했다. 세부는 제주도처럼 작은 섬이기 때문에 해산물이 싸고 굉장히 풍부하다. 조금만 나가도 아주 저렴하게 신선한 해산물 요리를 먹을 수가 있다. 다만, 치안이 조금 불안하고 영어가 서툴다면 다소 망설일 수 있지만 그 정도는 크게 문제가 되지 않았다. 호텔을 나와 택시를 잡아타고 기사에게 갈 만한 곳을 추천받았다. 호텔에서 그리 멀지 않는 곳인데 싸고 맛있다며 자신 있게 데려다준다. 워낙 일사천리로 진행이 되다 보니 혹시 기사랑 무슨 관계가 있는 건 아닌지 의심이 들 정도였다. 하지만, 걱정은 기우였고 그 집 음식은 정말 완전 나이스였다. 3명이 해산물 요리를 10만에 배불리 먹을 수 있었다. 한국에서는 절대 그 가격에 먹을 수 없는 다양한 종류에 질도 높아 완전히 대만족이었다. 역시 작은 용기를 내면 세상에는 먹을 게 참 많다.

세부 여행 팁

1. 치안이 불안해 가족과 간다면 호텔 선택이 가장 중요하다.
2. 빡빡한 일정의 단체여행보다는 자유여행이 좀 더 여유있게 시간을

보낼 수 있다.

3. 필요하면 선택 관광도 시도해 보자 (해양 스포츠, 선셋 식사, 유람선 여행)

4. 아이가 있다면 비상 구급약은 무조건 챙겨가자 (해열제, 배탈약, 감기약, 선크림은 필수)

5. 기본적인 그 나라 말을 배우고 가면 여행이 조금 더 즐겁다. (쌀라맛 다탕~)

가성비 갑, 말레이시아

말레이시아와의 인연은 2014년으로 거슬러 올라간다. 아주 친한 학교 선배 형이 이곳 수도인 쿠알라룸푸르(KL)에서 사업을 하고 있다는 소식을 우연히 접했기 때문이다. 이 선배와는 중국에서 어학연수를 할때 한집에서 반년 동안 동고동락하면서 공부했던 형제 같은 사이였다. 그런 선배 형의 권유로 망설임 없이 KL 여행을 떠나게 된 것이다.

서원이는 지난번 세부 여행의 즐거웠던 경험이 남아 있어서 그런지 해외여행에 대한 거부감이 별로 없었다. 비행기도 잘 탔고 수영장만 있으면 어디든 대환영이다. 여행을 가면 맛있는 음식도 먹을 수 있고 무엇보다도 아침 일찍 일어나지 않아도 된다는 사실을 알게 된거다. 엄마, 아빠와 함께 하는 여행에 대한 편안함과 즐거움을 맘껏 즐기고 있는 서원이다. 그래서 더 많이 해외 경험을 시켜주고 싶었다.

처음으로 방문한 말레이시아는 우리에게 기대 이상의 만족감을 주었다. 저렴한 물가와 영어를 쓴다는 점은 익히 알고 있었지만, 생활 수준이 동남아국가치고는 아주 높았고 (1인당 GNP가 만 달러로 동남아에선 싱가포르 다음으로 높다) 이슬람 국가라 그런지 술을 안 먹어서 흉악범죄가 적고 치안도 비교적 안전했다. '그랩'이라는(우리나라 카카오택시와 유사) 택시도 있어서 저렴하게 어디든지 이동이 가능했다. 게다가 그늘에 있으면 그렇게 덥지도 않았고 천성적으로 낙천적인 말레이 사람들의 따뜻한 친절과 여유까지 더해지니 가성비로는 이보다 더 좋은 여행지가 어디 있을까 싶을 정도였다.

여행의 만족도가 높아서 그런지 그 이후로도 방학 때마다 서원이는 엄마와 함께 쿠알라룸푸르에서 한 달 살기를 몇 번 더 했다. 무엇보다도 서원이가 현지에서 학원에 다니면서 말레이 친구들을 사귀면서 영어가 급속도로 향상되는걸 느낄 수 있었다. 물론 말레이식 영어 발음이 섞였지만 빠르게 영어를 흡수하는 모습을 보면서 신기하고 대견하기도 했다. 아이의 조기교육이 이래서 중요하구나 느끼게 된 계기였다.

말레이시아 한달살기 팁

1. 수도 쿠알라룸푸르나 싱가포르와 가까운 조호바루가 비교적 살기 편하다 (치안, 음식점, 학교, 교통 등)
2. 숙소는 가능한 시내와 가까운 근교로 잡는다 (시내는 너무 비싸고 교외는 교통이 불편해서 중간이 적당하다)
3. 치안은 비교적 안전하지만, 밤에는 가능한 길거리를 다니지 말자 (범

죄는 어디에나 있기 마련)

4. 현지 은행 계좌가 있으면 돈 관리가 편하다 (해외 송금 수수료가 만만치 않다)

5. 현지인과 좋은 관계를 유지하면 급할 때 도움을 받을 수 있다 (기본적인 영어 구사면 오케이)

헬로우 시드니, 호주에서 만난 인연

말레이시아 한 달 살기를 여러 번 하다보니 아내가 이제는 선진국으로 한번 가보고 싶다는 말을 했다. 가성비 최고인 말레이시아를 놔두고 선진국으로 가면 만만치 않은 물가에 훨씬 수준 높은 영어가 기다리고 있을 텐데도 아내의 고집도 만만치 않았다. 보다 수준 높은 곳에서 아이와 함께 살고 싶은 마음도 충분히 이해가 갔다. 이제는 몇 번의 해외살이로 자신감도 어느 정도 생겼을거다. 그래서 고민 끝에 2019년 겨울방학에 호주 시드니로 아내와 아이는 두 달 살기를 하기 위해 떠났다. 많은 나라들중에 하필이면 호주로 결정한 이유는 영어권 국가인 미국, 캐나다, 영국보다 거리가 조금 더 가깝고 날씨도 따뜻하다는 이유 때문이었다. 6개월 동안 호주에서 어학연수를 한 나의 경험도 결정에 한몫했다는 생각이 든다. 아무것도 모르는 다른 나라들보다는 그나마 친근감이 있는 나라였기 때문이다.

서원이는 말레이시아에서 닦은 영어 실력을 호주에서도 유감없이 발휘했다. 그동안 한국에 있을 때도 전화 영화로 매주 3번씩 선생님과 영어 회화 연습을 했고, 1주일에 2번씩 아빠와 영어책도 꾸준히 읽었다. 그래서 그런지 기본적인 의사표현은 어느 정도 가능했고 특히 듣기 실력은 내가 놀랄 정도로 아주 뛰어났다. 어려운 단어를 써서 빠른 속도로 말하는 문장도 곧잘 이해하는 모습에 놀라곤 했다. 쓰기 실력이 조금 부족하지만 듣기, 말하기가 먼저이기 때문에 천천히 연습하면 괜찮다고 생각한다. 결과적으로 말레이시아에서 배운 서원이의 영어 실력은 호주 생활을 훨씬 더 편하게 만들어 주었다. (가끔은 엄마 통역도 해줬다는 후문이다)

호주 시드니에서의 생활은 집주인을 잘 만나서 그런지 아주 순조로웠다. 호주 인터넷 카페에 올라온 하우스쉐어(House Share) 소식을 보고 아내가 연락했는데 그게 소중한 인연의 시작이었다. 집주인분은 일본계 호주인과 결혼한 한국 여자로 호주에서 20년 넘게 살고 있다고 했다. 공교롭게도 아내와 동갑이고 어린이집을 운영해서 그런지 특유의 친화력과 친절이 몸에 배어 우리에게도 너무나 따뜻하게 대해 주었다. 그분의 집 2층 방과 거실을 쓰게 되었는데 사는데 필요한 여러 가지 팁들을 본인일처럼 도와주셔서 큰 문제 없이 시드니 생활에 적응 할 수 있게 되었다. 아내는 그분과 절친이 되어 지금도 연락을 하고 있다.

집주인 부부도 자녀가 2명 있었다. 당시 6학년 여자아이와 서원이 보다 2살 많은 오빠가 있었다. 엄마가 한국 사람이다 보니 한국말을 어느 정도는 이해하지만, 호주에서 태어나 살다 보니 한국말이 부족해 의사소통은 항상 영어로만 해야 했다. 오히려 서원이에게는 영어를 배우기에 더 좋은 환경이었다. (아쉽게도 나이 차이, 문화적인 차이 때문에 언니, 오빠와 함께 한 시간이 그리 많지는 않았다고 한다) 주인분은 시간이 되면 같이 주말에 저녁 식사도 하고 차로 먼 곳까지 데려다주기도 했다. 인근 서원이 영어학원도 알아봐 주셨고 교통카드, 쇼핑몰, 맛집 등 생활과 관련된 내용도 세세히 알려줘서 누구한테 따로 물어볼 필요가 없을 정도였다. 그렇게 2달 반 동안의 호주 생활은 빠르게 지나갔고 다음해 2월 말 한국으로 귀국 해야 했다. 공교롭게도 그 시기에 코로나가 터져 지금까지도 해외로 다시 나가지 못하고 있다. 그게 해외여행 마지막이 될 줄 그 누가 알았을까 말이다.

호주 한달살기 팁

1. 한국 물품을 구하기 쉬운 동부 대도시를 추천한다 (시드니, 멜버른, 브리즈번 등)
2. 숙소는 초기에는 민박이나 한국분이 계시는 하우스쉐어를 선택하는 게 좋다 (초기 정착에 필요한 정보 입수가 편하다)
3. 외식비가 비싸기 때문에 요리가 가능한 숙소가 경비 절약에 도움이 된다 (식자재는 상대적으로 저렴하다)
4. 교통카드를 충전해서 대중교통을 이동하자 (단기 거주의 경우 렌트는 굳이 할 필요가 없다)
5. 현지 영어학원은 호주사람이 운영하는 곳이 좋다 (저렴하고 퀄러티도 높다)
6. 말레이시아와 마찬가지로 비교적 안전하지만, 밤에는 가능한 이동을 삼가자 (특히, 시내 일부 지역은 우범지역이라 밤에는 매우 위험하다)
7. 중국 사람과 친해지도록 노력하자 (워낙 중국인이 많아 피할 수 없다)
8. 소고기는 실컷 먹고 오자 (값싸고 맛있다, 호주산 소고기)

9. 여름/겨울이 따로 없지만 북쪽으로 갈수록 덥다

10. 대도시는 인종차별이 거의 없어졌다고 하지만 나쁜 놈들은 어디나 있게 마련이다 (인종차별인지 언어차별인지 구분하기가 쉽지는 않다)

누가누가 잘하나

#순둥이 형 기질

　사람마다 타고난 '기질'이라는 게 있다. 기질은 외부적 자극에 대한 정서적, 감정적 반응으로 자동으로 나오는 일종의 생리현상이다. 조그만 일에도 민감하게 반응하며 비교적 고분고분 잘 따르는 '무반응형' 아이가 있는 반면에 모험을 즐기고 반항적인 행동을 하는 아이도 있다. 또한 뭐든지 배우는 게 느려서 한 발짝 뒤로 물러서서 관망하는 아이도 있다. 이 세 가지를 흔히 순둥이형, 체제거부형, 대기만성형으로 분류한다고 들었다. 기질은 생물학적으로 유전적인 영향을 받아서 큰 변화 없이 죽을 때까지 이어진다고 하니 정말 기질의 중요성을 알 수 있다. 성격은 이와는 조금 다르다. 기본적으로 기질에 바탕을 두고는 있지만, 양육방식과 교육환경에 따라 다양한 성격이 발현될 수 있고 또한 시간이 지나면서 바뀔 수도 있다. 흔히 성격이 변했다는 말은 해도 기질이 변했다는 말은 잘 듣지 못하는 이유도 바로 그러하다.

서원이는 지금까지 관찰에 의하면 대부분의 아이가 그렇듯 순둥이형에 더 가까운 거 같다. 부끄러움과 수줍음을 잘 타지만 부모를 잘 따라오는 아이다. 때로는 부모의 꾸중이나 큰 소리에 민감하게 반응하며 무서워하기도 한다. 낮에 혼자서 별채에 가지도 못하고 벌레를 보면 기겁을 하고 도망친다. 하지만 뭐든지 가르쳐주면 열심히 하는 편이고 포기보다는 방법을 알려주면 노력하는 타입이다. 부모 입장에서는 가장 양육하기 편하고 또 고마운 기질인 거 같다.

그런 순둥이형 서원이도 남들 앞에서 당당히 뽐내기 자랑을 한 적이 여러 번 있다. 유치원 시절 동요대회, 유치원 졸업을 앞둔 장기자랑 그리고 초등학교 2학년 때 재능 발표대회였다. 그때의 추억과 감동을 잠시 소환해보기로 한다.

떨리는 첫 무대공연

서원이가 6살 때 다니던 유치원에서 동요 대회가 있었다. 당시 서원이는 '화가'라는 동요를 불렀다. 남들 앞에 서서 노래를 부르는 게 서원이도 걱정이 되었는지 대회가 있기 며칠 전부터 몇 번씩 우리 앞에서 노래 연습을 했다. 고음이 올라가지 않아 목소리가 찢어지고 인상을 쓰는 모습이 본인은 힘들었겠지만 어찌나 귀엽던지 웃음밖에 나지 않았다. 평소에 동요 부르는 걸 좋아하는 서원이지만 이 동요는 음이 높아 부르기가 어려워 보였다. 서원이가 좋아해서 선택했다기보다는 선생님이 직접 정해주신게 아닌가 하는 의심이 강하게 든다.

　공연 동영상을 보면 서원이는 무대 위에서 빨간색 원피스를 입고 고사리손으로 마이크를 쥐고 서 있었다. 평소에 보지 못한 잔뜩 긴장한 모습으로 미리 준비한 멘트를 특유의 발표톤으로 또박또박 말했다. 그리고 반주가 나오자 음악에 맞춰 노래를 부르기 시작했다. 율동 없이 노래만 불러서 그런지 긴장된 서원이 모습이 고스란히 보여 안쓰럽기도 했다. 마지막에 '잘 들어주셔서 감사합니다~'라는 멘트와 함께 친구들의 '와~'하는 함성(아무래도 인위적인게 이것도 선생님이 시킨 것 같다)으로 서원이 공연은 마무리가 된다. 처음으로 무대 위에서 고음(?)을 뽑낸 서원이가 대견하고 기특하다.

단체로 끼를 보여주다

　서원이는 유치원 졸업을 앞두고 졸업생과 재학생 부모님을 모시고 구민회관에서 장기자랑 대회를 열었다. 그야말로 몇 달 동안 준비한 노래와 춤, 연극을 무대 위에서 보여주는 뽐내기 대회였다. 서원이는 졸업생으로 당시 대유행이었던 트와이스의 'Cheer-up'이라는 노래를 배경으로 화려한 의상을 입고 춤을 추었다. 그리고 신나는 음악에 맞춰 난타 공연도 멋지게 보여주었다. 북을 두드리면서 춤을 추는 공연이었는데 개량 한복을 입고 늠름하게 북을 두드리는 모습이 너무나 멋있고 심지어 씩씩해 보이기까지 했다. 무대 위에 있는 서원이도 우리를 보자 손을 흔들며 반가워했다. 많은 관객 앞에서 처음으로 하는 공연이라 많이 긴장했을 텐데 여유

있는 모습을 보여줘 아빠를 놀라게 했다. 그렇게 공연은 큰 실수 없이 무사히 끝났다. 전문 진행자의 매끄러운 진행과 분위기를 돋우는 적절한 멘트, 부모님들의 열광적인 응원 소리에 마치 콘서트장을 방불케 하는 묘한 분위기였다. 나 어릴 때는 상상도 하지 못할 정도의 장기자랑 규모에 그저 입이 떡 벌어질 뿐이다. 서원아, 공연 너무나 멋졌어! Cheer up!

2번째 무대 위 익숙한 모습

서원이가 2학년이던 2019년 가을 학교에서는 재능발표대회가 있었다. 매년 뽐내기 대회가 있었지만 그동안은 적당한 장소가 없어서 동네 건물을 빌려서 행사를 치뤘지만 신축된 학교 실내 체육관에서이 최초의 재능발표대회였다. 서원이가 속한 2학년 학생들은 Izzy의 '달라달라' 노래에 맞춰 열심히 춤을 추었다. 유치원 졸업 장기자랑 대회에서도 무대 위 춤추는 모습을 봤기 때문에 이번에는 무대위 서원이의 모습이 그리 낯설지는 않았다. 서원이도 무대 경험이 있어서 그런지 떨지 않고 자연스럽게 안무를 소화했다. 오히려 친구들 동선까지 미리 챙겨주는 오지랖도 부리는 여유가 보였다. 가끔 앞에 있는 반 친구가 앞을 가려 서원이가 잘 안 보이기도 했지만 그래도 서원이만 보려고 안간힘을 썼다.

그렇게 짧은 3분간의 무대가 끝나고 내려오는 아이의 밝은 미소를 보니 이제야 끝났다는 안도감을 만끽하는 듯 보였다. 친구들과 함께 뭔가를 해냈다는 성취감을 통해 아이도 이렇게 조금씩 성장하고 있었다. (내년에도 기대할게~라고는 했지만 아쉽게도 코로나로 지금까지 못하고 있다)

육아의 추억

#무난한 아이

서원이는 무난한 아이였다. 몸이 약해 병원을 전전하지도 않았고 떼를 쓰면서 물건 사달라고 바닥에 드러눕지도 않았다. 여자아이라 그런지 조심성이 있어 크게 말썽을 일으킨 적도 없고 크게 다친 적도 없었다. 다른 부모의 말을 들어보면 (특히 남자아이를 키우는 부모들) 무탈하게 아이를 키운다는 건 거의 불가능에 가까워 보였다. 이런 아이라면 둘, 셋도 키우겠다는 말을 혼잣말처럼 하는 아내를 보곤 했다. 서원이가 태어나서 제주로 오기 전까지 줄곧 돌봐주셨던 장모님도 손주들을 여럿 키워봤지만 이렇게 무난한 아이는 처음 봤다면서 혀를 내두를 정도였다. 한글도 알아서 깨우치고 (물론 책을 많이 읽어주긴 했지만) 영재는 아니지만 공부도 잘하는 편이다. 뭐하나 크게 부족한게 없는 그야말로 우주가 보내준 보석과도 같은 특별한 선물이었다. 너무나도 감사하고 고마울 뿐이다.

아픔을 느끼다

　서원이는 근처 산부인과에서 자연분만으로 건강하게 태어났다. 3.14kg 으로 정상 체중에 피부도 비교적 깨끗했다. 모유 수유도 잘해서 체중도 날이 갈수록 늘어갔다. 태어날 때 머리가 몸보다 많이 큰 편이라 살짝 걱정도 했지만 자라면서 다행히 그 비율(?)이 자연스럽게 조정되어 지금은 아무렇지도 않다.

　그런데 정기검진을 받던 날 청천벽력같은 소식을 의사에게서 전해 들었다. 갓 태어난 아기가 설소대 수술을 해야 한다는 것이었다. 설소대는 혓바닥을 입과 고정하는 연결 부분으로 서원이는 선천적으로 설소대가 조금 앞쪽에 있어서 살짝 잘라줘야 나중에 발음을 하는데 방해가 안 된다고 했다. 그리고 그 수술은 빠를수록 좋다고 한다. 아직 핏덩이 같은 아기에게 칼을 댄다는 게 께름칙하고 꼭 해야만 하는건지 의문이 들었다. 하지만, 정말 간단한 수술이고 지금 해야 덜 아프다는 의사의 말에 결국 수술을 결정했고 우리의 걱정과는 달리 수술은 단 몇 분 만에 싱겁게 끝났다. 칼로 설소대 앞쪽을 살짝 잘라주는 초간단 수술이었다. 그래도 죽겠다며 우는 서원이를 안아주며 안쓰러운 마음과 그나마 다행이라는 마음이 교차했다. 그래서 그런지 몰라도 지금의 서원이는 완전 수다쟁이가 되었다. 그때의 상처는 아물어 전혀 티도 나지 않는다. 이제는 건강한 설소대를 가진 아이가 되었다. 태어나 2개월 만에 느꼈던 서원이의 고통, 오히려 전화위복이 되었다.

#3개월만에 나타난 아빠

살면서 이런저런 이유로 아이와 떨어져 지내는 아빠들이 많다. 주말 부부에서 기러기 아빠까지 집안의 가장으로서 경제적인 책임을 져야 하는 아빠들은 토끼 같은 아이들을 보지 못한 채 떨어져 일해야 하는 슬픈 현실을 안고 살아간다. 내 경우에도 비록 3개월이라는 짧은 기간이었지만 잠깐 떨어져 지낸 적이 있었다. 그 당시 다른 회사로 이직해서 해외 주재원으로 중국 북경에 나갈일이 생겼다. 원래 계획은 내가 먼저 나간 후 6개월 후에 가족이 합류할 생각이었지만 현지에서 여러 가지 복잡한 문제가 생겨 결국 출국한 지 3개월 만에 급히 귀국하게 되었다.

잠시 떨어져 있었던 2014년 당시에도 카카오톡을 이용해서 국제 통화를 할 수는 있었다. 하지만, 통화상태가 지금처럼 매끄럽지 않아 영상 통화는 엄두도 못 냈고 끊기는 목소리로 정말 어렵게 대화를 이어가곤 했었다. 그래서 가끔 서원이 사진을 카톡으로 보는 게 전부였고 전화 통화는 거의 하지 못했다. 4살이면 한창 이쁜 짓을 많이 할 나이인데 해외에 있다 보니 그런 모습을 보지 못한다는 점이 너무 아쉬었다.

그렇게 빠르게 시간이 지나고 귀국해서 거의 3개월 만에 서원이를 다시 봤을 때의 그 순간이 아직도 생생하게 기억이 난다. 장모님의 손에 안겨 있던 서원이는 아빠를 보자 잠시 머뭇거렸다. 내가 아빠야~라면서 손을 내밀자 그제야 아빠를 인지하고 눈물을 글썽이면서 아빠~하고 나에게 달려왔다. 서원이를 뜨겁게 안아주면서 그동안 같이 있어 주지 못했다는 미안한 감정에 코끝이 찡해졌다. 아빠와 왜 떨어져야 했는지 알지도 못한 상태에서 생이별을 해야 했던 서원이는 그동안의 뺏긴 시간을 보상이라도 받으려는 듯 더 많이 아빠를 찾았다. 역시 가족은 같이 살아야 진정한 가족인가보다. 이산가족으로 떨어져 사는 전국의 아빠들, 이유 불문하고 어서 빨리 아이들 품으로 돌아오세요~

밤잠을 설치다 응급실행

서원이가 6살쯤 되었을 때였다. 유치원을 갔다 온 아이는 혓바닥이 불편하다면서 계속 짜증을 내고 있었다. 입을 벌려 자세히 보니 혀끝에 뭔가가 오돌토돌 나 있었다. 밥을 먹을 때나 음료수를 마실 때도 아파서 인상을 찡그리며 다 먹지를 못했다. 혓바닥이라 약을 바를 수도 없는 노릇이고 힘들어하는 서원이를 다독이며 일찍 재우면 되겠지 하고 생각했다. 하지만, 이런 부모의 안이한 생각은 얼마 가지 못했다. 점점 혓바닥이 쓰리려서 그런지 잠을 이루지 못했고 결국 아파서 울음을 터트렸다. 12시가 넘어서도 잠을 이루지 못하고 보채다가 급기야 떼굴떼굴 구르기까지 해서 더는 안 되겠다는 생각에 이르렀다.

결국 아내와 상의 끝에 혹시 구내염일지도 모른다는 생각에 빨리 응급실로 가야겠다고 결정했다. 아이를 안고 집에서 가장 가까운 아산병원으로 급히 차를 몰았다. 생전 처음으로 와보는 응급실은 새벽 시간임에도 불구하고 그야말로 다양한 환자들로 넘쳐났다. 부모와 온 서원이 또래의 아이들이 대부분이었지만 간혹 어른들도 보였다. 밖은 한밤중으로 조용하기만 한데 여기 응급실은 완전히 딴 세상이었다. 이런 분위기가 처음에는 어리둥절했지만 곧 정신을 차리고 아이를 등록하고 순서를 기다리기 시작했다. 서원이도 조금은 차분해 보였다.

　그렇게 약 40분을 기다린 끝에 당직 의사의 진찰을 받게 되었다. 다행히 구내염은 아니었지만 혓바늘이 심해 일단 약을 좀 발라주고 바르는 약도 처방해 주겠다고 했다. 구내염이나 혓바늘은 유치원을 다니는 아이들이 단골로 잘 걸리는 병이다. 워낙 이것저것 만지던 손을 아무 생각 없이 입으로 가져가면서 면역력이 약한 아이들을 자주 괴롭힌다. 그나마 구내염은 아니라는 의사의 말을 듣고 그제야 안도의 한숨을 내쉬었다. 하지만, 조그만 연고 약을 타는데 근 1시간을 더 기다려야만 했다. 인근 약국이 모두 문을 닫은 시간이라 다른 데서 택배로 받아야 하기 때문이라는 설명이었다. 마데카솔 같은 튜브 약을 받는데 아픈 아이를 두고 1시간은 너무나도 터무니없이 긴 시간이었다. 진료비는 더욱 혀를 내두르게 했다. 잠깐 진료받고 조그만 약을 처방받는데 10만원이란다. 어이가 없어 다시는 응급실에 오지 말자 다짐했고 다행히 지금까지 응급실은 다시 가보지 못했다.

엄마가 없는 밤은 힘들어

　대부분의 아이가 그렇지만 서원이도 엄마 없이는 자려고 하지 않았다. 항상 모유 수유를 하면서 잠이 들던 버릇이 있어서 그런지 아빠보다는 엄마를 찾는다. 잘 놀다가도 잘 때가 되면 아빠는 방해가 된다는 듯이 침대에 누우면서 아빠가! 라고 말해 서운한 적이 한두 번이 아니었다. 그래서 어쩔 수 없이 저녁잠을 재우는 담당은 항상 아내가 해주곤 했다. (그때 서원이가 가라고 해도 같이 자야 했었다)

당시 학원을 운영했던 아내는 두 달에 한 번 정도는 인근 학원장들과 저녁 모임을 하곤 했다. 말이 저녁이지 학원 특성상 수업이 끝나고 모임을 시작하면 이미 저녁 10시가 훌쩍 넘는 시간이었다. 이런 날은 어쩔 수 없이 아빠인 내가 당번이 되어 아이를 재워야 했다. 아직은 어린 서원이라 엄마의 상황을 아무리 얘기해줘도 서럽게 엄마만 계속 찾는다. 처음에는 안정을 취해주려고 엄마와 전화 통화도 시도했지만 오히려 그게 더 화근이었다. 전화를 끊으면서 엄마가 그리운지 더 서럽게 목놓아 울면서 굵은 눈물 방울을 뚝뚝 흘리는 모습이 애처롭기 그지없었다. 아빠가 옆에 있으니 이젠 자도 괜찮다며 아무리 다독여도 꺼이꺼이 울면서 쉽사리 잠들지 못했다.

그렇게 30분가량을 보채다 울다 지쳐 겨우 잠이 들곤 했다. 어떨 때는 아이가 엄마만 찾으며 계속 우는 통에 그만 짜증이 나서 아이만 놔두고 침실을 나온 적도 있었다. 옆에 있으면 화가 나서 소리를 칠 거 같았고 아무리 내가 애를 써봤자 어차피 시간이 약이라는 생각이 들었기 때문이다. 그렇게 눈물 범벅에 지쳐 자는 서원이를 보면서 엄마의 부재를 뼈저리게 느꼈다. 엄마 없는 밤은 너무 힘들다.

떠나요 제주도

제주살이 좋수다

우리 가족은 2017년 제주로 처음 내려왔다. 그동안 제주살이에 대한 로망으로 가득했던 나는 제주에 있는 회사로 운 좋게 이직을 하게 되었고 그렇게 우리 가족은 제주에 꿈에 그리던 보금자리를 마련했다.

제주 생활은 그야말로 대만족이었다. 타운하우스로 이사 온 우리는 그리 넓지는 않지만 아담한 마당이 있는 단독주택에 둥지를 틀었다. 매일 초록색 잔디와 나무를 보면서 안구가 정화되는 느낌을 받았다. 주말에는 집 마당에서 한라산 정상을 보면서 바비큐 파티를 하는 호사도 누렸다. 아침에는 새소리를 들으며 기상하고 저녁에는 풀벌레 소리를 들으며 잠이 들면서 자연과 함께하는 생활을 체험할 수 있었다. 정원에서 따뜻한 햇볕을 받으며 책을 읽고 있는 서원이의 모습을 보면 정말 제주에 오기를 잘했다는 생각이 들곤 했다. 그야말로 내가 꿈꾸던 전원생활의 로망을 누릴 수 있어서 너무나도 행복했다. 물론 제주에 살면서 불편하고 안 좋은 점들도 있지만 그걸 상쇄하고도 남을만큼 제주살이의 장점은 나한테 크게 다가왔다.

#폐교 위기의 학교

이듬해인 2018년 봄, 서원이는 인근 초등학교에 신입생으로 입학하게 되었다. 이 학교는 불과 몇 년 전만 해도 학생 수가 100명 내외로 존폐위기에 처할 정도로 작은 학교였다고 한다. 하지만, 제주도가 육지 사람들의 주목을 받으면서 외지인들이 유입되기 시작했고 제주 토박이들은 잘 살지 않는다는 중산간 지역으로 모여들기 시작했다. 전학 오는 아이들이 늘어나면서 지금은 200명이 훌쩍 넘는 학생 수에 매년 학년마다 분반을 할 정도로 규모가 계속 성장하고 있다고 한다.

#드디어 나도 초딩

2018년 3월 서원이의 학교 입학식 모습이 아직도 눈에 선하다. 엄마가 사준 새 옷을 입고 정갈한 모습으로 학교 도서관(당시 강당이 공사 중이었다)에 앉아 열심히 선생님의 말씀을 듣고 있던 1학년 서원이의 모습 말이다. 우리 아이가 드디어 초등학생이 되다니 하나밖에 없는 아이라 그런지 더 감회가 새로왔다. 한편으로는 그동안 부모의 사랑과 관심만 받다가 이제는 여러 친구와 같이 선의의 경쟁을 해야하는 환경에 놓인 서원이가 측은하기도 했다. 하지만, 아이가 성장하면서 겪어야 하는 자연스러운 과정이기 때문에 이제는 학부모의 마음으로 서원이를 믿고 맡길수 밖에 없다.

제주살이, 그 놀라운 변화

1. 감기가 뭐예요?

서원이는 서울에서 살 때 유치원을 다니면서 감기를 달고 살았다. 특히, 비염이 심해서 콧물을 거의 먹으며 지냈다고 해도 과언이 아닐 정도였다. (아기 때는 침을 그렇게 흘리더니 조금 커서는 콧물을 이렇게 흘릴 줄이야) 아무리 약을 먹어도 콧물은 멈추지 않았고 잘 때마다 코가 막혀 칭얼대는 서원이를 달래줘야 했다. 의사 선생님의 권유로 항생제도 먹여 봤지만, 효과는 별로 없었다. 힘들어하는 서원이의 모습을 보는 부모의 마음도 타들어 갔다.

그런 서원이가 제주에 오면서 180도 달라졌다. 그렇게 지긋지긋했던 감기가 자취를 감춘 것이다. 4년 동안 살면서 기침 한 번 안 하고 콧물은 저 멀리 별나라 이야기가 되었다. 정말로 신기한 일이다. 감기가 없어지니 그동안 힘들어하던 서원이도 훨씬 명랑하고 더 밝아진 느낌이다. 밤에 잠도 잘 자고 키도 날마다 쑥쑥 크는 것 같다. 그야말로 제주의 깨끗한 공기와 자연이 선물하는 치유력을 절감했다. 이 사실만으로도 제주에 정말 잘

왔다는 생각이 들 정도였다.

2. 집에서 줄넘기를?

아파트의 편리함도 있지만 공통으로 느끼는 불편함은 층간소음 문제일 거다. 실제로 오랫동안 아파트에 살면서 이 문제로 경찰까지 출동한 적도 있었다. 극도의 스트레스에 시달리면서 정말 이사만이 답이라는 생각이 들 정도로 해결이 안 되는 상황이었다. 어린 나이면 뛰어다니는 게 당연한데도 뛰지 말라는 말을 하루에도 수십번 해야되는 현실이 너무나도 개탄스러웠다. 서로 아이 키우면서 그 정도도 이해 못 하는 이웃 주민이 그저 원망스러울 뿐이었다.

그래서 제주로 이주할 때는 무조건 단독주택에 살고 싶었다. 아파트가 아닌 우리만의 공간에서 자유롭게 아이를 키우고 싶었다. 줄넘기를 좋아하는 서원이는 줄넘기 연습을 '거실'에서 마음껏 했다. 아파트라면 상상도 못 할 일이다. 계단이나 소파에서 점프도 거침없이 하고 의자도 마음대로 끈다. 밤에도 신나는 음악을 틀어놓고 낮에 배운 안무를 열심히 연습한다. 말 그대로 집은 우리만의 세상인 것이다. 거실에서 줄넘기 삼단뛰기를 시도하다 넘어지면서 웃음을 터트리는 서원이를 보는 게 행복했다.

3. 나가면 놀이터?

제주는 조금만 나가면 산과 바다가 지척에 있어서 마음만 먹으면 어디서든 신나게 뛰어놀 수 있다. 타운하우스에 살기 때문에 서울 아파트처럼 단지 내 잘 가꾸어놓은 이쁜 놀이터는 없지만, 동네 친구들과 맘껏 뛰놀 수 있는 잔디마당은 어디에든 있다. 주중, 주말 가리지 않고 집에만 있으면 같이 놀자고 문 앞에서 외치던 동네 아이들이 생각난다. 코로나가 한창 기세를 부리던 2020년에도 마스크 없이 그렇게 동네를 휘젓고 다니던 무서운(?) 놈들이었다. 그야말로 코로나 무풍지대에서 아이들의 동심은 마음껏 발산되고 있었다.

한라산을 오르다

드디어 기다리던 가족과 함께하는 한라산 등정 일이 밝았다. 2019년 가을부터 2020년 봄까지 20여 개의 오름을 올라가 봤다. 이제는 한라산 정상도 올라갈 준비가 되었다고 생각했다. 5월 중순이면 올라가기에도 딱 좋은 날씨다. 너무 덥지도 너무 춥지도 않은 날씨, 너무나도 청명한 5월의 봄날이었다.

6시가 되자 우리는 약속이나 한 듯이 거의 동시에 일어났다. 서원이도 깨우자 바로 일어났다. 일사불란하게 전날 준비한 옷을 입고 간단히 아침을 먹었다. 마치 시험을 치르는 수험생같이 가슴이 콩콩 떨렸다. 그동안 오늘을 위해 열심히 준비했다. 이제 그간의 노력을 보여줄 절호의 찬스가 바로 우리 앞에 있는 것이다. 반드시 가족과 함께 정상에 올라가리라 굳은 다짐을 해본다.

사실 한라산은 아주 오래전에 방글라데시 출신의 독일 친구와 한번 올라간 적이 있었다. 물론 30대 시절이었으니 10년도 훨씬 더 된 거 같다. 이번에는 가족과의 등반이라 그때와는 완전히 다른 마음가짐이다. 나 자신뿐만 아니라 아내와 서원이까지 챙겨야 하는 책임감이 두 어깨에 놓여 있기 때문이다.

다행히, 아내와 아이는 그동안 아무 불평 없이 용감하게 제주의 적지 않은 오름을 올라갔다. 심지어 한라산을 오르기 전 마지막 점검 차원에서 올라간 사라오름도 너끈히 다녀온 두 모녀다. 그래서, 이번 한라산 등반도 큰 사고만 없다면 충분히 가능하리라 생각했다.

서둘러 짐을 챙겨 차에 몸을 실었고 출발한 지 30분 만에 성판악 주차장에 7시 반쯤 도착했다. 나름 서둘러서 출발했다고 생각했지만, 주차장에 이미 꽉 찬 차들을 보면서 우리가 너무 안일하게 생각했음을 뒤늦게 알게 되었다. 이미 만차라 주차할 공간이 없어 보였다. 이미 우리처럼 게으름을 피운 차들이 길가 차도에 일자로 길게 주차를 한 상태였다. 할 수 없이 우리도 그들처럼 길가에 주차하고 가방을 메고 등산로 입구로 걸어갔다.

성판악 등산로 입구 오른편에 작은 매점이 보였다. 기념품, 먹을 것들을 파는 가게로 등산하기 전 미처 챙기지 못했던 물건들을 사거나 등산을 마치고 기념으로 선물을 살 수 있는 그런 가게였다. 우리는 혹시 몰라 생수 몇 병을 사기 위해 가게로 들어갔다. 500mL 생수 2개를 집어 들고 돈을 내기 위해 가게 점원에게 카드를 내밀었다. 점원은 현금이 없냐고 약간은 퉁명스럽게 얘기했다. 갑자기 그런 불친절한 말투에 기분이 나빠서 그랬는지 500원 이상은 카드도 가능한 거로 알고 있다면서 약간 따지듯이 대꾸했다. 그때 내가 왜 이렇게 비딱하게 대답을 했는지 모르겠지만, 일단은 그 점원의 태도와 표정 모두 마음에 들지 않았고 세금을 피하고자 현금을 선호하는 그런 꼼수도 싫어서 심술이 났던 거 같다. 점원은 마지못해

계산해주었지만 나를 쳐다보는 눈빛이 아주 불만스러운 표정으로 째려보는 듯 했다. 결재하고 나오면서 와이프가 왜 그렇게 까칠하게 얘기를 하느냐고 타박을 주었다. 약간 점원 편을 드는 와이프가 내심 섭섭하기도 해서 내 나름의 이유를 설명해 주었다. 하지만, 와이프는 그 말이 변명처럼 느껴졌는지 부드럽게 얘기하지 못한 나를 여전히 원망하는 투였다. 기분이 약간 상했지만, 오늘의 큰 목표인 한라산 등반을 위해 더는 대꾸하지는 않았다.

그렇게 약간은 찜찜한 기분으로 등반을 시작했다. 시간을 보니 아침 7시 40분을 지나고 있었다. 회전문을 통과해서 나지막한 오솔길을 걸어 올라가기 시작했다. 맑은 숲속 공기가 폐 깊숙이 들어와 상쾌한 기분이 금세 들었다. 발걸음도 가볍고 드디어 가족과 함께 정상으로 올라간다는 사실에 마치 소풍 온 듯 살짝 흥분되었다. 이미 우리보다 먼저 출발을 많이 해서 그런지 우리 뒤에 올라오는 사람들은 거의 없었다. 오히려 간간이 내려오는 사람들을 더 많이 마주쳤다. 아마 그 시간에 내려오는 걸 보면 중간 정도쯤 올라갔다 다시 내려오는 게 아닐까 추측했다. (정상 갔다 내려왔다면 한라산 날다람쥐가 아닐까 싶다)

30분쯤 지나고 나니 슬슬 땀이 나기 시작했다. 5월이지만 숲속은 쌀쌀할 거 같아서 등산복을 겹겹이 입었는데 오히려 더워서 땀이 나고 있었다. 겉옷은 벗어 허리춤에 매고 모자도 벗어 연신 땀을 닦으며 올라갔다. 아내와 딸도 다행히 컨디션은 좋은 거 같다. 일단 초반 스타트는 안심이다.

그렇게 한참을 올라가다 보니 잘 다듬어진 나무 계단이 나왔다. 오르막길보다 계단이 오르기에는 더 쉬웠다. 끝이 보이지 않는 계단을 오르다 보니 속밭대피소가 나왔다. 등반을 시작한 지 한 2시간 정도 된 거 같다. 화장실도 가고 물로 목을 축이면서 실내에서 잠시 휴식을 취했다. 땀도 나고 적당히 몸도 풀려서 기분이 아주 상쾌했다. 이 정도 컨디션이면 충분히 정상에 갈 수 있을 거 같은 자신감이 생겼다. 더군다나 혼자가 아니라 가족이 옆에 있으니 든든하고 더 힘이 솟는 듯 했다.

잠깐의 휴식을 뒤로하고 계속 올라가다 보니 돌길이 나왔다. 셀 수 없이 많은 돌이 울퉁불퉁 길을 만들어 놓았다. 비가 많이 오면 세찬 물줄기가 흘러도 될 정도로 이렇게 많은 돌이 과연 어디서 왔을까 잠시 생각해 보지만 이내 다리 힘이 빠져 깊은 생각까지는 미치지 못했다. 그야말로 기계적으로 움직이고 있을 뿐이었다.

어느덧 사라오름 입구에 도착했다. 왼쪽 길로 올라가면 지난번 왔었던 사라오름 정상으로 가는 길이다. 쭉 올라가면 분화구에 상당히 큰 호수가 있고 얕은 다리를 건너 걸어가다 보면 오름 전망대가 있다. 한라산 정상뿐만 아니라 서귀포 바다가 저만치 발아래도 훤히 내다보여 속이 후련할 정도이다. 물론 바람이 많이 불어서 모자가 날아갈 정도였지만, 전망 하나는 충분히 올라갈 만한 가치가 있어 보였다.

사라오름 입구에서 조금만 더 올라가면 곧 진달래밭 대피소가 나온다. 여기는 한라산 정상에 올라가기 위한 전초기지 같은 곳으로 너무 늦게 도착하면 정상에 올라가지 못할 수도 있다. 그날은 12시 반이 마지막 데드라인이었던 거 같다. 즉, 12시 반 이후에 도착하면 하산 시간을 고려해서 입산을 금지한다는 의미다. 숲속은 해가 금방 지기 때문에 안전을 고려한 최소한의 조치인 거 같다. 우리는 다행히 11시가 조금 넘어서 대피소에 도착했다. 이미 많은 사람이 삼삼오오 모여 휴식을 취하며 담소를 나누고 있었다. 우리처럼 정상에 올라가기 위한 사람들도 있었고 이미 올라갔다 내려오는 사람들도 섞여 있었다.

대피소에서 인상에 남는 여자 한분이 있었다. 개인방송을 하는건지 혼자서 핸드폰을 거치대에 올려놓고 여러 장비들을 어깨에 메고 돌아다니면서 인터넷 유튜브 방송을 하고 있었다. 여자 혼자서 한라산 등반을 하면서 방송까지 하다니 재미있으면서 대단하다는 생각도 들었다.

이제 여기서부터 본격적인 한라산 등반이 시작된다. 힘을 내서 한발한발 발걸음을 다시 내딛는다. 서원이는 아직 여유있다는듯 노래도 부르면서 웃음 띤 얼굴로 나를 슬며시 바라본다. (마치 아빠도 괜찮은지 확인 하는것 같았다) 하지만, 아내는 역시 오르막에 약한 모습을 보이며 쉴세없이 흐르는 땀을 힘겹게 닦아내고 있었다. 얼굴은 벌개지고 숨은 가빠와 쉬는 시간이 점점 늘어나고 있었다. 먼저 가라며 우리에게 손으로 신호를 보내지만 아무래도 앞서 가는것보다 뒤에서 천천히 따라가며 힘을 북돋아 주는게 나을거 같았다. 오르막이 힘든건 나도 마찬가지였지만, 내가 힘들어 하면 가족들 모두 더 힘들것 같아 내색하지 못했다. 평소 마라톤을 즐기는 사람이 자존심이 있지 이정도에 힘들어 하면 안된다고 속으로 다짐했다.

어느덧 하얀 구름을 뚫고 올라가니 새로운 세상이 펼쳐졌다. 녹음이 짙던 숲은 어디로 간건지 다 없어지고 마치 산불이 난 대지에 새로 올라온 나무들처럼 가지만 앙상한 나무들이 눈앞에 펼쳐졌다. 아마도 지대가 높아서 추운 날씨에 버티지 못하고 죽은 나무들 같았다. 이제 정상이 얼마 남지 않았음을 느꼈다. 힘겹게 고개를 들어 위를 쳐다보니 돌위에 고정된 굵은 로프가 보였다. 이제 이 로프에 체중을 싣고 손에 힘을 주어 힘겹게 걸음을 떼었다. 마치 암벽등반을 하듯 돌길을 로프에 의지해 아슬아슬하게 올라가다 보니 저 앞에 해발 1900m라는 표시가 나를 반겼다. (정말 반가워서 힘껏 안아주고 싶은 심정이었다) 이제 정말 얼마남지 않았다. 한라산 정상이 1950m이니 정상이 코앞으로 다가온 것이다.

얼마를 갔을까 갑자기 많은 인파들이 시야에 들어왔다. 직감적으로 저기가 바로 정상임을 알게 되었다. 드디어 정상에 올라온것이다. 등산도 마라톤과 마찬가지로 과정은 정말 힘들고 포기하고 싶다가도 피니쉬 라인에 들어오면 언제 그랬냐는듯 그동안의 고통은 씻은듯 없어지고 성취감에 온몸이 짜릿해진다. 그때 시간이 점심 12시 10분이었다.

정상에 도착했으니 반드시 사진을 찍어 남겨야 했다. 이미 많은 사람들이 줄을 서서 정상 표시가 있는 무슨 탑같은데서 기념사진을 찍고 있었다. 근데 대기줄이 너무 길었다. 힘든 몸을 이끌고 올라왔는데 또 줄을 서야한다 생각하니 살짝 짜증이 났다. 주위를 둘러보니 다행히 왼쪽에 장승같이 생긴 나무에 여기가 정상임을 알리는 조각이 깊게 새겨져 있었다. 이정도면 충분했다. 다행히 여기는 줄서있는 사람이 거의 없었다. 빨리 사진을 찍고 허기를 채우고 싶었다. 그래서 여기서 잠깐 줄을 서서 사진을 찍고 뒤를 돌아보았다. (그때까지 사진을 찍을 생각에 전혀 예상하지 못했던 순간이었다) 그야말로 입이 쩍 벌어질 만큼 대박이었다. 그동안 사진이나 뉴스로 보던 백록담의 절경이 눈앞에 그것도 너무나도 가깝게 펼쳐져 있었기 때문이다. 맑고 깨끗한 날씨에 호수 물고기가 다 보일정도로 선명한 수질에 마음마저 정화되는 기분이었다.

백록담을 보고 있으니 정말로 그동안 힘들었던 감정이 싹 씻겨져 나가는 기분이었다. 등산 애호가는 아니지만 이런 맛에 등산을 하는것 같았다. 하늘과 바로 맞닿은 느낌, 마치 정복자처럼 위에서 내려다 보는 이 기분, 이마에 난 땀방울을 시원한 바람이 맞아주는 상쾌함. 올라오길 정말 잘했다는 생각이 다시 들기에 충분했다. 더군다나 서원이와 함께 해낸것이어서 더욱 그 의미가 깊었다. 서로를 칭찬하며 우리는 그 순간을 충분히 즐기고 있었다. 굿잡, 서원!

백록담을 보고 시선을 돌리니 이미 많은 사람들이 정상 데크에서 삼삼오오 모여앉아 싸온 음식들을 먹으며 즐겁게 담소를 나누는 모습이 들어왔다. 정상이라고는 하지만 따뜻한 햇살에 몸이 더워서 그런지 전혀 쌀쌀한 느낌이 들지 않았다. 마치 봄날 선탠을 하듯이 정상 정복을 축하하며 그렇게 그들은 축배의 잔을 들고 있었다. 우리도 허기진 배를 채우기 위해 서둘러 자리를 잡고 가져온 배낭 지퍼를 열었다. 바로 반가운 사발면이 보였다. 이런데서는 라면이 절대 빠질수 없다. 보온병에 담아온 뜨거운 물을 부어 라면을 익혔다. 밥과 반찬, 그리고 과자들을 꺼내 라면과 함께 먹으니 이거야 말로 최고의 점심 만찬이었다. 특히 가족과 같이 먹는 기분이란 세상을 다 가진듯 정말로 행복했다.

그렇게 맛난 점심을 먹고나니 슬슬 땀이 식어 쌀쌀해지기 시작했다. 1시가 넘어가자 바람도 불기 시작하며 금새 온도가 떨어지고 있었다. 우리는 정상 정복의 쾌감을 뒤로한채 서둘러 하산하기로 결정했다.

하산할때는 기분이 묘했다. 목표를 달성하고 나니 더이상의 동기부여가 없어서 그런지 그냥 빨리 내려가고 싶은 마음밖에 없었다. 주위의 풍경이나 새소리는 들리지 않았고 오로지 한발한발 내딛는 발끝만 쳐다보며 가쁜 숨을 내쉴 뿐이었다. 올라갈때 다리 근육을 이미 많이 소진해서 그런지 앞발로 계속 내려가면서는 슬금슬금 왼쪽 발가락이 아프기 시작했다. 아뿔사, 이번 한라산 등반을 위해 트레킹 슈즈를 아주 저렴한 가격에 사서 신었는데 그게 문제가 될줄은 미처 몰랐다. 조금 큰 사이즈를 신다보니 앞발가락이 계속 움직이는 느낌이었다. 게다가 처음 신는 신발이라 전혀 예상치 못한 상황이었다. 이런 일생일대의 중요한 등반에 아무 생각없이 싸구려 신발을 신고 오다니 이제서야 큰 실수를 했음을 깨닫게 되었다. 앞발가락 통증이 하산 속도를 계속 늦추고 있었고 내리막길에 강점이 있는 아내와의 거리는 점점 멀어지고 있었다. 서원이도 아내의 속도가 감당이 안되는지 나와 함께 계속 내려갔고 엄마가 보이지 않자 불안해서 안절부절했다. 마치 엄마가 숲속으로 사라진 것처럼 엄마를 찾아 불렀지만 이미 저만치 내려간 아내의 대답은 없었다. 딸을 안심시키면서 발가락 통증을 꾹참고 한참을 내려가다 보니 드디어 저 앞에 출구가 보이기 시작했다. 하산할때는 비교적 빠른 속도로 내려가서 그런지 3시간만에 도착할수 있었다. 시간은 오후 4시40분이었다. 총 거리 9.6킬로, 걸음 총 36천보, 소요기간은 점심 및 휴식시간 포함해서 총 9시간이 걸렸다.

돌이켜 생각해보면, 제주에 입도해서 가장 잘한 일이 서원이와 함께 한라산 정상을 올라간 일같다. 비록 입도 후 2년이라는 시간이 걸렸지만 그동안 이번 한라산 등반을 위해 제주의 여러 오름을 다니면서 체력도 쌓고 가족과 좋은 추억을 만들수 있어서 정말로 값지고 행복한 시간들이었다. 신기한건 한라산 등정 다음날 나만 빼고 아내와 서원이는 신기할 만큼 멀쩡했다는 사실이었다. 나는 역시나 하산때 괴롭혔던 앞발가락이 부어올라 한동안 절름발이 신세를 져야만 했다. 그런 모습을 안스럽게 보는 우리 딸이 대견하기도 하고 한편으로는 어이가 없어 헛웃음만 나왔다. 서원아, 장하다 우리 딸~

한라산 등반 Tip

1. 시즌에 따라 유동적이지만 정상에 올라가는 커트라인 시간이 있다. 최소한 오전 8시 전에는 출발하자.

2. 정상 날씨는 예측불허다. 모자, 바람막이 잠바는 필수다.

3. 신발은 익숙한 등산화, 트레킹화를 신고 가자. 운동화, 구두 신다 미끄러지면 타인에게 민폐를 끼칠 수 있다

4. 물은 목마르기 전에 자주 마셔준다. 목이 마르면 이미 탈수가 진행 중이라는 뜻이다.

5. 옷은 땀이 잘 통하는 소재의 옷을 입는다 (비싸도 등산복이 좋다). 따뜻하다고 면 소재 옷을 입으면 땀이 배출되지 않아 오히려 추울 수 있다.

6. 한라산 등산로는 환경보호 차원에서 쓰레기통이 없다. 본인 쓰레기는 본인이 가져와야 한다. (화장실에 세면대도 없다)

7. 겨울에는 날씨에 따라 입산이 제한될 수 있다. 뭐니 뭐니 해도 봄, 가을이 제일 좋다.

8. 영실코스는 어렵지 않게 올라갈 수 있다. 경치가 좋지만, 정상 올라가는 길이 막혀있음을 명심하자. (정상은 성판악 또는 관음사 코스만 가능)

9. 성판악 코스는 관음사코스에 비해 다소 완만하지만, 시간은 더 걸린다. (관음사코스는 경사가 가파르지만, 시간은 더 짧다)

10. 정상 가기 전 진달래밭 대피소가 마지막이다. 화장실, 신발 점검, 영양, 수분보충 등 만반의 준비를 마치고 올라가자.

11. 탐방 예약제로 운영된다. 코스별로 하루 1,500명으로 제한하고 있으

니 사전예약은 필수다. (규정이 바뀔 수 있으니 사전에 확인하자)

내가 생각하는 제주살이 장점

1. 자연환경 접근성 (오름, 해변, 관광지가 지척)
2. 양질의 교육 기회 (제주만의 방과 후 수업 활성화)
3. 식자재 풍부 (제주 특산물, 해산물, 농산물)
4. 편리한 독서 생활 (1인당 도서관 수 국내 1위)
5. 다양한 취미생활 (골프, 승마, 등산, 수영, 마라톤)

내가 생각하는 제주살이 단점

1. 살인적인 물가 (삼다수 빼곤 다 비싸다)
2. 불편한 대중교통 (1인 1차 필수)
3. 살벌한 기상 조건
- 1년에 2~3번 태풍이 오면 돌, 문짝이 마구 날아다닌다
- 중간 산 지역은 수시로 안개가 낀다, 대관령은 애교 수준이다
- 1주일 내내 눈이 와서 거짓말 같이 완전 고립된 적도 있다
- 여름철 습도는 상상을 초월, 제주 필수품 1호는 제습기다
- 한정적인 쇼핑환경 (온라인 쇼핑만이 정답)
- 배타적인 문화 (불친절, 괸당문화 등)

제주살이 결정을 위한 팁 6가지

1. 제주에 대한 환상이 아닌 단점도 충분히 이해하고 결정하자 (치명적인 단점이 있을 수 있다)

2. 제주살이를 결정했다면 일단 한 달 살기부터 해보자 (백문이 불여일견, 살아봐야 안다)

3. 중학생 이상 자녀를 둔 부모는 더 신중히 고민하자 (제주는 중학교부터 입시가 시작된다)

4. 제주에서 생활비는 벌 수 있어야 한다 (식비, 주거비, 교통비 등 물가가 장난이 아니다)

5. 제주살이를 위한 기러기 아빠는 비추다 (가족이 함께 하는 것보다 더 가치 있는 건 없다)

6. 양질의 일자리가 많지 않다 (서비스업 위주라 남자들 직업은 마땅치 않고 급여도 적다)

코로나가 바로 코앞에

귀국과 체류의 갈림길

코로나가 터지기 전인 2019년 12월, 겨울방학 동안 서원이는 엄마와 호주로 두 달 살기를 떠났다. 물론, 생계를 책임져야 하는 나는 이곳 제주도에 남아 돈을 벌어야만 했다. 호주는 어학연수를 다녀온 친근한 나라지만 가족에게는 완전 낯선 나라였다. 사실 서원이와 아내는 말레이시아에서 지난 수년 동안 한 달 살기를 여러 번 해봤기 때문에 외국 생활에 대한 두려움도 없어졌다. 하지만, 호주는 완전한 영어권 국가이고 물가 수준도 훨씬 높다. 인종차별에 대한 걱정도 있었기 때문에 그렇게 안심이 되지는 않았다. (어떻게 외국에 아이와 엄마만 보내놓고 마음이 편할 수가 있을까?) 그렇지만 말레이시아에서 이미 생존 능력을 입증한 아내와 어느 정도 영어를 구사하는 서원이를 보면서 처음 가보는 호주에서도 충분히 잘 지낼 수 있을 거라는 믿음이 생겼다.

그렇게 호주에서의 2달 반이라는 시간도 (아빠의 외로움과 그리움 속에서) 빠르게 흘러갔고 어느덧 귀국해야 하는 날짜가 서서히 가까워지고 있었다. 2월 22일 시드니에서 출발해서 말레이시아를 경유해서 제주로 오는 긴 여정이었다. 그렇게 하루하루 가족의 귀환을 기다리고 있던 와중에 코로나가 터져 버렸다. 당시에는 '우한바이러스'라고 부르며 중국에서 벌어지는 참상이 실시간으로 중계되면서 사람들을 공포에 떨게 만들었다. 한국에도 바이러스를 보유한 사람들이 입국하면서 국내에서 발생하는 감염자 수도 나날이 증가하고 있었다. 그에 반해 호주는 당시만 해도 안전하고 조용했다. 중국과 상대적으로 먼 지리적 여건도 있었고 섬나라 특성상 훨씬 더 엄격한 검역과 방역수칙이 시행되고 있었기 때문이었다.

그렇게 초조한 시간이 흘러가고 있었다. 그리고 귀국 며칠 전 아내의 국제전화가 걸려왔다. 한국의 현지 상황과 귀국 여부에 대한 결정을 묻는 전화였다. 정말로 고민이 되는 순간이였다. 당시 제주도는 육지보다 그나마 안전했지만, 아이를 데리고 장시간 국제선 비행기를 타고 그것도 말레이시아 공항에서 대기했다가 오는 게 너무나 위험해 보였기 때문이다. 그렇다고 해서 귀국을 늦춘다고 하더라도 언제 이 사태가 진정될지도 불확실해 뾰족한 수도 없었다. 만약 지금 들어오지 못하면 언제 들어올 수 있을지 앞이 보이질 않았다. 2달 반 혼자서 있는 시간도 너무 외롭고 나를 힘들게 만들었다.

결국 고민 끝에 위험을 감수하고라도 귀국하기로 결정을 내렸고 서원이와 아내는 장시간 비행을 통해 무사히 제주로 귀국하게 되었다. 경유 시간을 포함하면 거의 하루가 넘는 긴 시간 동안 초조하게 기다렸다. 그리고 제주공항에서 가족들을 보는 순간 안도감에 감정이 격해져 터져 나오는 눈물을 참기가 힘들었다. 다행히 당시에는 자가격리가 없던 시절이라 바로 집으로 돌아올 수 있었고 결과적으로 그때의 귀국 결정은 정말 탁월한 선택이었다. 호주도 이후 확진자가 급증하면서 몇 달 만에 오히려 상황이 역전되었고 락다운까지 실시하는 지경에 이르렀다. 2020년 2월 말 한겨울 추위가 마지막 기승을 부리던 그때 우리 가족은 다시 하나가 되었다. 대한민국 만세!

온라인 수업을 받다

2020년 초 전 세계적으로 코로나가 대유행하고 있었다. 한국도 대구발 집단감염이 발생하면서 수도권과 대도시를 중심으로 바이러스가 급속도로 퍼지면서 확진자가 속출하고 있었다. 의료체계 붕괴와 바이러스에 대한 시민들의 공포로 마스크 품귀 현상이 일어나고 거리 두기 단계도 격상되는 극도의 혼란 시기를 보내고 있었다. 각 나라도 국경을 서둘러 봉쇄하고 집 밖 외출을 삼가하는 극한의 '락다운'을 실시함으로써 바이러스 확산을 막아보려 노력했지만 빠르게 퍼져나가는 바이러스를 막기에는 역부족이었다. 그야말로 세계적으로도 그 유례를 찾아볼 수 없는 팬데믹 공포가 시작된 거다.

제주도는 2020년 상반기만 해도 바이러스가 아직 미치지 않는 청정지역이었다. 섬이라는 지역적 특성상 검역을 통해 입도객을 대상으로 바이러스 유입을 사전에 차단할 수 있었다. 또한, 대도시가 아니라 인구 밀집이 심하지 않아 감염속도도 빠르지 않았다. 하지만, 그 이후 집단감염이 발생했고 여름 휴가철을 맞아 제주도로 들어오는 관광객의 증가와 겹쳐 제주도 감염수가 증가하기 시작했다. 하루에 1명만 발생해도 신문에 대서특필이 되고 저녁 뉴스에 첫 기사로 나올 정도로 확진자가 적었지만, 그 증가세가 눈에 두드러질 정도로 빠르게 증가했다. 급기야 교육 당국도 학교 전파를 조기에 차단하기 위해 2학기 수업은 온라인으로 전환하기로 했다. 말로만 듣던 온라인 수업이 제주도 현실이 된 거다.

서원이는 온라인 수업 소식에 환호성을 질렀다. 일단 아침에 일찍 일어나 학교에 안 가도 된다는 사실이 무척 좋았을 거다. 그리고 노트북에 접속해서 친구들과 같이 수업을 듣는 게 신기하고 재밌게 느껴졌을 거다. '위두랑' 사이트에 접속해서 인증과정을 거쳐 해당 과목을 클릭하면 친구들과 댓글로 소통도 가능했다. 당시 핸드폰이 없었던 서원이라 컴퓨터를 통해서라도 친구들과 문자를 주고받는 기쁨이 좋았는지도 모르겠다. 그리고 줌을 통해 선생님과 친구들 얼굴을 직접 보면서 수업하는 것도 무척 이색적이었을 거다. 비록 친구들과 얼굴을 보고 대화할 수는 없었지만 매일 즐겁게 온라인 수업을 하는 모습에 그나마 다행이라 생각했다. 코로나가 몰고 온 언택트 시대에 생전 처음 온라인 수업을 경험한 서원이다.

개학인데 나만 학교를 못 가요

2021년 8월 마지막주, 서원이는 꼬박 1주일을 집에서만 지내야 했다. 아빠 회사 동료가 확진되는 바람에 아빠도 밀접 접촉자로 의심되어 재택근무에 들어갔고 자동으로 서원이도 학교에 갈 수 없게 된거다. 2학기 개학을 코앞에 둔 시점에서 발생한 일이라 서원이의 실망이 이만저만이 아니었다. 곧 개학하면 친구들을 만날 수 있다는 부푼 꿈이 한순간에 날아가 버린 거다. 다행히 코로나 테스트 결과가 모두 '음성'으로 나와 이 사실을 학교에 통보했고 잠복기를 고려해서 1주일 동안 자가격리를 하기로 결정한 거다.

사실 서원이는 매일 학교 셔틀버스를 타는 앞집 친구가 있다. 그동안 같이 셔틀을 타고 다니던 같은 학년 남자아이다. 하지만, 불의의 자가격리로 개학임에도 불구하고 학교에 가지 못하기 때문에 친구 혼자 등교하는 모습을 집에서 지켜봐야만 했다. 학교에 가는 걸 무척 좋아하는 서원이한테는 방학이 끝나도 학교에 못가는 이 순간이 무척 힘든 시간이었을거다. 게다가 집에서 EBS 온라인 수업을 아침부터 오후까지 혼자서 들어야 하니 재미도 없고 끝까지 듣는 게 여간 고역이 아닐 거다. 오랜 시간 계속 화면을 봐야 하니 시력도 은근히 걱정이었다.

아빠인 나도 재택근무 및 자가격리 중이니 한집에 살면서도 멀리서 얼굴만 보며 그저 하트만 날리고 손만 흔들 뿐이었다. 이산가족이 따로 없다. 다행히 우리집은 본채와 별채가 있어서 자연스럽게 공간 분리가 가능했다. 나는 별채에서 가족들은 본채에서 생활하며 사식(?)을 넣어주면 혼자 밥을 먹으면서 가족과의 접촉을 원천 봉쇄했다. 서원이와는 매일 저녁 20분 동안 전화로 통화하면서 부족한 대화를 보충하며 아쉬움을 달랬다. 무엇보다도 가장 힘들었던건 스킨십을 하지 못한다는 점이었다. 서원이의 부드러운 살결을 만질 수도 체취를 느낄 수도 없어서 서원이가 그리웠다. 시간이 그저 빨리 흘러갔으면 좋겠다는 생각뿐이었다.

코로나가 가져다준 가족의 소중함

코로나가 정말 가까이 왔구나 싶었다. 처음으로 재택근무라는 것도 해 보고 서원이도 아빠 덕분에(?) 강제로 자가격리라는 것도 당해봤다. 지나고 나면 이또한 한편의 추억이 될 수는 있다. 서원이도 자가격리를 통해 자유롭게 움직일 수 있는 신체의 자유가 얼마나 소중한지 그리고 가족 간의 대화와 스킨십이 얼마나 중요한지 깨달았을 것 같다. 어떤 일이든 동전의 양면이 있는 법이다. 어떻게 생각하고 받아들이냐에 따라 인생의 자양분이자 좋은 교훈이 될 수도 있고, 어떻게 보면 고통과 후회만 남는 불행한 시간이 될수도 있기 때문이다.

그렇게 2주간의 시간이 흘렀고 다시 정상적인 생활로 돌아갈 수 있었다. 낮에는 일터로 학교로 그리고 저녁에는 집으로 돌아와 오손도손 식구들과 저녁을 먹는 일상이 이렇게 소중한지 알게 되는 좋은 경험이었다고 애써 자평해 본다.

제4장
외동이라 행복해요

미안해 하지 않기

둘째를 포기한 이유

서원이는 허니문 베이비다. 결혼 후 채 1년도 안된 7월 17일 우리는 그렇게 새로운 생명을 만나게 되었다. 아빠라는 의미가 무엇을 의미하는 지도 모른채 어느새 나는 생물학적인 아빠가 된 거다. 그리고 생계를 책임지는 가장 역할을 하면서 아빠로서 어설픈 육아도 시작했다. 다행히 서원이는 큰 탈 없이 잘 자라 주었다. 큰 병치레도 없었고 발달과정에서 큰 문제도 없었다. 너무나도 무난한 아이로 밝고 건강하게 자라고 있었다.

그런데 서원이가 4살쯤 되었을 때 아내가 갑자기 둘째 임신을 하게 되었다. 그동안 속이 메슥거리고 피곤하다고 해서 병원을 갔는데 임신이라는 것이다. 그때의 감정은 꽤 복잡했다. 결혼 전에는 아이 둘을 생각했던 나와 달리 아내는 일단 하나만 낳아 키워보자고 했다. 하지만, 결혼 후 막상 아이를 키우면서 두 사람의 생각이 완전히 뒤바뀌었다. 결혼 초 양육을 시작하면서 생겼던 크고 작은 갈등들이 부부관계를 어렵게 할 때마다 육아는 우리를 위협하는 존재로만 보였기 때문이다. 또 다른 위험요소를 만들고 싶지 않았다.

다른 이유는 바로 아내의 건강 문제였다. 아내는 서원이를 낳고 3개월도 안 돼 당시 운영하던 학원에 다시 나갔다. 한여름 에어컨 바람으로 가득한 교실에서 아이들을 가르치다 보니 관절에 문제가 생겼고 정밀진단을 받은 결과 '류머티즘'이라는 충격적인 결과가 나왔다. 엄마도 중년에 이 병으로 지금까지 고생을 하고 계신데 이제 30대인 아내가 똑같은 병을 얻게 되다니 이게 무슨 날벼락인가 싶어 그야말로 말문이 막혔다. 흔히 '산후풍'이라고 하는 이 병은 한번 발발하면 완치가 힘든 병이라 평생 약을 먹어야 한다는 사실을 엄마를 지켜보면서 알고 있었다. 그야말로 하늘이 무너지는 것 같았다. 이 상태로 둘째는 언감생시라고 판단했다. 주기적으로 약을 먹어야 그나마 병이 더 이상 악화하는걸 막을 수 있다. 하지만 임신을 하게 된다면 임신 기간뿐만 아니라 모유 수유까지 고려하면 근 2년 동안은 약을 끊어야 하고 그동안 병이 얼마나 더 악화할지 장담할 수 없는 상황이 올 수도 있다. 누군가는 산후조리를 잘하면 둘째를 낳고 산후풍이 없어졌다는 얘기도 있었지만 과학적인 근거는 부족해 보였다. 흔히 말하는 아이 둘에 대한 경제적인 부담, 다시 처음부터 양육을 시작해야 한다는 걱정은 우리에게는 사치였다.

그런데도 아내는 하나로는 부족하다는 생각이 강했다. 아들을 좋아하는 성향이 있어 내심 둘째로 사내아이를 원하는 마음도 있었고, 집안의 다른 형제들도 아이 하나는 너무 외롭다며 둘째를 은근히 부추기는 분위기에 영향을 받은 거 같기도 하다. 딸로는 채울 수 없는 허전함이 크게 자리 잡고 있던 아내였다.

이런 와중에 갑자기 둘째가 생긴 거다. 전혀 계획도 없는 일이라 이건 신의 뜻이라 생각하고 담담하게 받아들이기로 했다. 하지만, 너무나 예상치 못하게 아내 자궁에서 힘겹게 숨 쉬고 있던 여린 생명은 오래가지 못하고 자연유산으로 이별을 고하고 말았다. 생명을 잃었다는 낙심과 그동안의 맘고생으로 괴로워하는 아내를 옆에서 조용히 위로해 주었다. 그러면서도 이젠 운명이라 생각하고 서원이 하나만 잘 키워보자는 생각도 교차했다.

그 이후로 둘째는 생기지 않았다. 나의 적극적인 지원(?)도 부족했지만 신은 우리에게 더이상 둘째를 점지해 주지 않으셨다. 점차 초조해지는 아내의 성화와 재촉에도 불구하고 시간은 흘러갔고 서원이가 8살이 되던 해인 2018년 우리는 그렇게 둘째에 대한 꿈을 완전히 접게 되었다. 이제는 둘째와의 터울이 너무 벌어진 것도 있었고 아내의 나이를 고려하면 건강을 챙기는 게 더 급선무였다. 한동안 둘째를 포기해야 한다는 생각에 우울감을 보였던 아내지만 시간이 지나면서 차츰 안정감을 되찾기 시작했다. 그렇게 서원이는 외동아이가 되었다.

친구가 필요해

외동아이를 키우는 부모는 공감하겠지만 형제가 없는 외동은 항상 같이 놀 친구가 필요했다. 아무리 부모가 잘해줘도 또래 친구와의 교감을 통해 사회성을 키우는 건 부모가 대신 해줄 수 없기 때문이다. 친구가 있으면 한동안 부모 없이도 잘 놀기 때문에 잠깐의 자유도 만끽할 수 있다. 그래서 어딜 가던지 무엇을 하든지 항상 또래친구를 데려가거나 그곳에서 즉석으로 친구를 만들어 주려 노력했다.

특히, 키즈카페에 갔을 때는 몇 시간을 혼자서 놀고 있는 서원이가 그렇게 안쓰러워 보일 수가 없었다. 그래서 아빠인 내가 주위를 살피며 친구를 열심히 스캔하고 적당한 친구를 연결해 주는 바람잡이(?) 역할을 했다. 다행히 친구를 배려하는 마음이 있는 서원이라 처음 보는 친구들과도 싸우지 않고 잘 지내는 편이었다. 보통 둘 이상 같이 온 친구들은 혼자인 서원이를 잘 끼워주지 않는다. 형제가 없는 외동아이의 숙명이자 고민거리다. 하지만, 그만큼 친구의 소중함도 같이 알아가기 때문에 항상 나쁜건만은 아니다.

동생 말고 언니 주세요

서원이는 아주 어렸을 때는 동생 만들어 줄까 하면 단호하게 필요 없다고 말했다. 동생에 대한 의미와 가치를 아직 인식하지 못하는 것도 있었지만 엄마, 아빠가 있으니 혼자서도 크게 부족함이 없었기 때문인지도 모르겠다. 하지만, 서원이가 5살 때부터는 의외의 요구를 하기 시작했다. 동생이 아닌 '언니'를 만들어 달라는 요구였다. 또래 친구들이 이제 동생이 생기면서 같이 노는 것을 보게 되자 자기도 형제가 있으면 좋겠다고 생각한 것이다. 근데 동생말고 언니를 말하는 게 아주 의외였다. 이유를 물어보니 동생은 챙겨줘야 해서 싫고 내 말도 잘 이해하고 같이 놀아줄 수 있는 언니가 필요하다는 것이다. 이 말에 뒤통수를 한 대 맞은것 같았다. 입양을 하기 전에는 절대 불가능하다는 걸 아이에게 이해시키기까지 꽤 오랜 시간이 필요했다. 서원아, 혹시 로봇 언니는 어떠니?

육아 팁: 외동아이 키우기 5계명

1. 외동아이에 대한 부정적인 이미지, 예를 들면 고집이 세거나 이기적일 거라는 근거 없는 이야기에 크게 신경 쓰지 말자. (부모가 먼저 편견에 사로잡히면 안 된다)

2. 외동아이에 대한 사랑의 독점은 오히려 심리적 안정감을 높여줘 긍정적인 효과를 기대할 수 있다.

3. 형제가 없이 자라기 때문에 아이에게 가능한 많은 친구를 만들어 줌으로써 사회성을 배울 수 있도록 신경 써야 한다.

4. 아이가 고민이나 어려움이 있을 때 함께 나눌 수 있는 형제가 없기 때문에 부모가 형제 역할을 대신 해줘야 한다. 부모와의 편안한 수평적 관계는 아이의 긴장을 효과적으로 풀어줄 수 있다.

5. 혼자서 할 수 있는 취미, 예를 들면 독서, 블록 쌓기, 음악 감상 등을 재미있게 할 수 있도록 격려하고 도와준다.

저도 '개동생'이 생겼어요

#코로나 외로움

2020년 초 코로나가 터지고나서 학교에 못가고 집에서 온라인 수업을 하는 날이 점점 늘어갔다. 친구들과 바이러스 걱정 없이 마음껏 뛰어놀 수 있던 시절을 마냥 그리워했다. 이렇게 점점 행동반경이 줄어들면서 집에 있는 시간이 늘어나자 형제가 없는 서원이에게 친구가 절실히 필요해 보였다. 그러던 와중에 외동아이에 대한 책을 읽다가 반려견이 외동에게는 사회성과 책임감을 키워주는데 효과적이라는 문구를 읽게 되었다. 전에도 강아지나 고양이를 키워보고 싶다는 의사를 표현했던 서원이가 생각났다. 특히, 새끼 고양이를 이뻐했다. 곧 아내와 진지하게 상의를 한끝에 강아지를 임보(임시보호)로 데려오기로 했다. 바로 입양하기에는 강아지도 하나의 소중한 생명이기에 조금 신중하기로 했다.

새 식구가 오다

2020년 11월 23일, 그렇게 강아지가 우리 집에 오게 되었다. 태어난 지 4개월밖에 안 된 어린 친구였다. 내가 퇴근하고 집에 오자 한구석 쿠션에 경계의 눈빛으로 바들바들 떨고 있던 누런 강아지가 보였다. 시바 믹스라는 얘기는 들었지만 실제로 보니 '시바이누' 보다는 사막여우 같기도 하고 사슴 같기도 한 게 참 묘하게 이쁘게 생겼다. 만지도 싶어도 너무 무서워하는 게 보여 일단은 하루 정도는 그냥 놔두기로 했다. 집 분위기에 적응할 수 있는 시간이 필요해 보였기 때문이다. 서원이도 강아지가 와서 너무 기쁜지 어쩔 줄 몰라라 하면서 팔짝팔짝 뛰었다. 그야말로 생애 처음으로 '개동생'이 생긴 거다.

이름이 필요해

제일 먼저 새 식구에게 이름이 필요했다. 가족 회의 끝에 서원 엄마의 의견으로 '세븐'이라고 부르기로 했다. 가족 모두의 영어 이름이 '세'로 시작했고 럭키세븐을 의미하는 세븐이라는 이름이 발음도 쉽고 의미도 좋아 보였다. 특히 수컷 강아지에게 잘 어울렸다. (아빠는 세바Seba, 엄마는 세리Seri, 서원이는 세라Sarah, 강아지는 세븐Seven, 우리 가족은 세하우스Sehouse) 그렇게 강아지 이름이 생기게 되니 정말로 우리 가족이 된 거 같았다. 계속 이름을 불러주니 세븐이도 자기 이름을 인식하며 반응하기 시작했다. 적응도 바로 하면서 온 집안 구석을 휘젓고 다녔다. 이갈이를 해서 그런지 나무로 된 벽이나 가구를 이빨로 사정없이 뜯곤 해서 마음이 아팠다. 커튼을 물어뜯어 구멍을 내고 눈에 보이는 모든 것들이 공격 대상이 되었다. 세븐이를 집에 두고 어쩔 수 없이 외출을 해야 되는 경우에는 자기 혼자 있는 스트레스가 커서 그런지 거의 테러수준의 말썽을 부리곤 했다. 세븐이의 만행(?)에 집에 와서 입이 쩍 벌어진 적이 한두 번이 아니다. 이게 정말 우리집이 맞니?

개동생 세븐이

세븐이가 오자 서원이도 남동생이 생겼다며 무척 좋아했다. 아침에 일어나면 꼬리를 흔들며 다가와 뽀뽀 세례를 하는 세븐이를 보면서 '어유 우리 세븐이~'하면서 뽀뽀를 받아주고 몸을 정성껏 쓰다듬어 준다. 개동생이 생겼다면서 친구에게 사진도 보내주고 영어 선생님에게는 직접 안아서 화상통화로 보여주기까지 했다. 부러워하는 친구들 얘기를 하면서 어깨가 으쓱하며 입꼬리가 올라가는 서원이를 보니 왜 진작에 해주지 못했을까 하는 생각마저 들었다.

세븐이가 오면서 아이가 할 일이 생겼다. 식구 각자의 역할이 정해졌는데 그중에 서원이는 세븐이 식사 담당이었다. 사료와 물을 떠다 주고 빈 그릇을 다시 채워주는 일이다. 강아지에게 먹이를 줌으로써 친하게 지내라는 깊은 뜻이 담겨 있었다. 가끔 깜빡해서 물을 안 주면 목마른 세븐이는 거실이나 화장실 바닥을 연신 핥고 다녔다. 그때마다 제때 챙겨주지 못한 서원이는 가족들의 질책을 받으며 서둘러 물을 떠다 주곤 했다. 본인의 일을 다 하지 못하면 한 생명이 불편을 겪는다는 걸 몸소 체험한 셈이다. 강아지를 키우면서 서원이는 책임감도 조금씩 배우는 중이다.

또 한 가지 임무는 세븐이를 훈련하는 일이다. 어깨 너머로 엄마가 훈련하는 모습을 본 서원이는 먹이를 충분히 활용하여 세븐이를 잘 교육시키고 있다. 이쁜 짓, 앉기, 손주기, 인사하기, 노래하기, 한바퀴 돌기, 총쏘기, 점프, 하이파이브 등 서원이의 지시에 거의 묘기에 가까운 반응을 보이면서 말을 아주 잘 듣는다. 물론 엄마의 선행학습 효과가 크지만 서원이도 보고 배우더니 어느덧 노련한 조련사가 되었다. 강아지와 친근하게 교감하는 모습을 볼 때마다 서원이의 친구가 되어준 세븐이가 참 고맙다. 기특한 개동생이다.

#4번째 정식 식구가 되다

세븐이가 우리 집에 온 지도 1년이 넘었다. 지난 7월에는 1주년 생일파티도 다른 형제들과 같이 성대하게(?) 치러줬다. 이제 우리는 세븐이를 정식가족으로 입양할 생각이다. 한 생명을 가족으로 받아들이는 건 책임감이 따르는 일이라 그동안 입양 문제에는 상당히 신중했다. 하지만, 세븐이가 우리 집에 와서 서원이에게 좋은 영향을 끼친 건 너무나도 분명한 사실이다. 더는 혼자가 아닌 개동생이 생겼다는 사실만으로도 든든한 유대감을 느끼고 있다. 그래서 서원이를 위해 그리고 세븐이의 행복을 위해 '김세븐'이라는 이름으로 4번째 식구가 되었다. 서원이의 동생이자 친구가 되어준 세븐이가 정말 고맙고 사랑스럽다. 애교도 부족하고 때로는 말 안 듣는 사고뭉치지만 꼬리를 흔들며 혓바닥을 내밀고 웃는 모습을 보면 도저히 사랑하지 않을 수가 없다. 든든한 세븐이 고마워, 그리고 앞으로 누나와 엄마를 잘 좀 부탁해!

육아 팁: 반려동물이 좋은 이유 5가지

1. 책임감을 심어줄 수 있다

처음으로 돌봐줘야 할 대상이 생긴거다. 자기가 어떻게 해줘야 하는지 역할을 이해하면서 제대로 하지 않아서 생기는 결과에 책임감을 느낀다. 물론 아이가 좋아해야 생기는 감정이다.

2. 유대감을 느낄 수 있다

반려동물을 가족으로 받아들이면서 같이 교감하고 의지할 수 있는 언덕이 생긴다. 가족이라는 친근하고 따뜻한 유대감은 아이의 정서발달에 긍정적인 역할을 하며 외부 변화에 쉽게 흔들리지 않는다.

3. 생명의 소중함을 알게 된다

반려동물의 수명은 사람보다 짧다. 그래서 반겨동물의 죽음을 목격하면서 처음으로 죽음에 대해 진지하게 생각할 수 있는 계기가 된다. 생명은 소중하다는 아름다운 가치를 배울 수 있다.

4. 배려심을 키울 수 있다

동물이라는 약자에 대한 공감 능력을 키울 수 있다. 자기보다 약한 존재
에 대한 연민과 지켜줘야 한다는 책임감을 느끼면서 정신적으로 더 성숙
해질 수 있다. 이점은 친구를 사귀는데도 좋은 영향을 미치게 된다.

5. 운동 효과도 있다

집에 가만히 있지 않고 동물과 함께 뛰어놀 수 있다. 아파트라 여의치
않으면 밖으로 나가 산책을 하면서 걸을 수도 있다. 샤워를 시켜주면서 안
쓰던 근육도 쓸 수 있다.

딸 키우다 보면 생기는 일들

딸은 아들과 다르다

딸밖에 없는 아빠라 아들과의 차이점을 크게 체감하지는 못한다. 그래서 딸아이가 커가는 모습을 보면서 아들은 어떨까 하는 생각도 가끔씩 해본다. 둘째로 아들을 많이 원했던 아내 생각도 나면서 나름 아들 키우는 맛도 있을 거 같다는 막연한 상상을 한다. 하지만, 보통 무뚝뚝하고 애교없는 남자아이들과 달리 여자아이는 대부분 관계 중심적이고 아기자기하고 세심한 성향이 있다. 아빠도 '어른남자'인지라 이런 성향을 머리로는 알고 이해하지만, 가슴으로 느끼고 행동하는 건 도통 쉽지 않다. 그래서 딸을 키우면서 겪었던 에피소드 5가지를 적어보기로 했다. 딸을 키우는 부모들의 공감과 아들만 있는 부모들의 호기심을 기대해 본다.

핑크색과 치마 사랑

서원이가 3살 때쯤부터 핑크공주로 변신했다. 모든 옷과 장난감은 핑크색으로 도배를 했고 이 세상에 마치 핑크색만 존재하는 것처럼 굴었다. 물론 핑크색이 서원이에게 나름 잘 어울렸다. 핑크공주라고 부를 정도로 샤방샤방한 매력을 뽐내고 다녔다. 하지만, 머리부터 발끝까지 핑크는 좀 심하다 싶을 정도였다. 대부분의 그 나이 또래 여자아이들이 그렇지만 그야말로 지독한 핑크 사랑에 빠진 거다. 이 핑크 사랑은 5, 6살이 지나면서 어느 정도 중화되기 시작했다. 다른 색상도 서서히 눈에 들어오기 시작했는지 다양한 선택을 하기 시작한 거다. 그렇게 핑크 사랑도 시간이 지나면서 그 열기가 차츰 식어갔다.

치마를 좋아하는 것도 여자아이의 일반적인 특성이다. 한편으론 요즘 아이돌의 영향도 큰 거 같다. 치마를 입으면 더 이쁘고 날씬해 보인다는 생각을 여자 아이돌을 보면서 더 많이 하게 되는 거 같다. 예전에는 한창 유행하던 (이것도 핑크색) 엘사치마를 그렇게도 입고 다니더니 조금 더 크면서는 다양한 패턴의 치마에 눈을 뜨기 시작했다. 한가지 아빠의 걱정을 불러일으키는 점은 치마의 길이가 점점 짧아진다는 점이다. 한해 두 해 시간이 가면서 서원이의 허리 사이즈는 큰 변화가 없는데 다리만 점점 길어지고 있기 때문이다. 예전에는 적당했던 치마 길이가 지금은 속바지를 무조건 입혀야 할 정도로 짧아져 있다. 그래서 이제는 웬만하면 외출 시에는 치마 대신 바지를 입었으면 좋겠다는 생각마저 든다. 딸 가진 아빠는 어쩔 수 없나보다.

소꿉놀이와 역할극의 달인

서원이도 소꿉놀이를 참 좋아했다. 3, 4살때쯤 회사에서 퇴근하고 집에 오면 잠들기 전까지 아주 잠깐이지만 아이와 항상 놀아주려고 노력했다. 피곤해서 쉬고 싶은 마음도 굴뚝 같았지만 그 시간이 아니면 평일에는 얼굴 보기가 힘들었기 때문이다. 지친 몸을 이끌고 서원이 놀이방으로 들어가면 기다렸다는 듯이 각종 소꿉놀이 아이템을 준비한 채 아빠를 아니 '손님'을 기다리고 있었다.

아이가 제일 좋아하는 놀이는 가게 놀이다. 물건을 파는 가게에서는 아빠가 손님이 되어서 물건을 사는 척 하고 가격을 흥정하기도 한다. 가끔은 역할을 바꾸기도 한다. 장소가 식당이면 음식을 주문하고 나온 음식을 먹어주면서 돈도 내는 척 한다. 그다음 놀이는 엄마, 아빠 놀이다. 서원이가 엄마로 승격하고 나를 남편으로 대한다. 가끔 그런 상황이 재밌는지 피식 웃다가 다시 정색하며 여보~라고 엄마 흉내를 느끼하게 낸다. 마지막으로 하는 놀이는 병원 놀이다. 내가 가장 좋아하는 놀이이기도 하다. 주로 환자가 되어 드러누우면 서원이가 진찰을 하고 진맥도 보면서 치료를 해준다. 이때 나는 많이 아픈 척 누워서 가만히 있기만 하면 된다. 가끔 잠이 들어 코를 곤 적도 있다. 그때마다 서원이가 옆에서 아빠~하면서 나를 꼬집는다. 아픈 데가 너무 많다며 호들갑을 떠는 아빠를 그래도 한참 동안 살뜰히 치료해준다. 서원아, 아빠는 병원 놀이가 최고야~

목욕, 1석2조

아이와의 스킨십은 성별을 떠나 굉장히 중요하다. 아이들은 부모와의 스킨십을 통해 오감을 발달시키고 안정감을 느끼면서 동시에 애착을 형성한다고 한다. 특히, 딸아이가 있다면 아빠와의 목욕을 적극적으로 추천한다. 엄마보다 상대적으로 부족한 아빠와의 친근감을 조성할 수는 절호의 찬스이자 자기와 다른 아빠의 몸을 보면서 생기는 호기심을 건전하게 풀어줄 수도 있다. 보수적인 아빠들은 굳이 그런 상황을 만드는걸 불편해하기도 한다. 나중에 커가면서 알게 되는 사실인데 일부러 그럴 필요가 있냐는 반응이다.

하지만, 내 생각은 좀 다르다. 아빠와의 목욕은 스킨십을 위한 필수과정인데 옷을 입고 하는 것도 무척 부자연스럽고 말이 안 된다고 생각했다. 뭔가 숨기고 있다는 느낌을 아이에게 은연중에 전해주는 것 같다. 그래서 과감히 아빠의 전라모습을 보여 주기로 했다. 팬티를 벗자 처음에는 별 관심 없이 아빠와의 목욕에만 집중하던 서원이도 차츰 자기와 다른 아빠의 신체 기관을 보면서 관심을 가지기 시작했다. 왜 아빠는 거기가 볼록 뛰어나와 있어? 왜 머리카락이 거기에 났어? 라며 질문을 하기도 했다. 그때마다 당황하거나 숨기지 않고 아는 선에서 최대한 자연스럽게 설명해주려 노력했다. '남자라서 나와 있는거고 여자는 부끄럼을 타서 안에 있는 거야', '머리카락이 아니라 털인데 나중에 언니, 오빠가 되면 다 나게 되어 있어. 부끄럽기도 하고 잘 보호하려고 나는 거야'라고 말해 주었다.

그렇게 서원이는 아빠의 몸을 보면서 자연스러운 성교육도 할 수가 있었다. 그리고 그때의 경험이 쌓여서 그런지 지금은 아빠가 샤워하는 모습을 보면서도 크게 신경 쓰지 않는 눈치다. 어릴 때부터 봐왔던 모습에 이제는 많이 적응이 된 것 같다. 부끄럽다고 숨기고 쉬쉬해봤자 아이의 호기심만 더 자극할 뿐이다. 적절한 시기에 호기심을 풀어줘야 딴 데 가서 풀지 않는다.

'사람' 그리기 도사

서원이가 좋아하는 놀이 중에 단연 최고는 그림 그리기이다. 지금은 조금 한 단계 진화해서 방학 일과표를 만들거나 나름 인터넷 검색을 해서 내용을 정리하고 인형 스티커도 직접 만들기도 한다. 하지만, 예전에는 주로 색연필로 그림을 그리거나 컬러링북을 사주면 그 위에 색칠을 하면서 시간을 많이 보냈다. 한 가지 재밌는 사실은 그림 그리는 걸 유심히 관찰해 보면 여자아이의 특징이 잘 드러난다. 남자아이와는 다르게 여자아이들은 '사람'을 주로 그린다는 점이다. 그리고 사람이 어떤 행동을 하면서 관계를 맺는 상황을 자주 묘사한다. 즉, 사람들끼리 모여서 밥을 먹는다든지 쇼핑을 한다든지 하는 그런 모습 말이다. 그에 반해 남자아이들은 사람이 아닌 공룡이나 로봇, 우주선 같은 움직이는 물체에 더 관심을 보인다. 스스로 사람을 그리는 남자아이는 많지 않다. 누가 가르쳐주는 것도 아닌데 성별에 따라 사뭇 다른 양상을 보이는 게 흥미롭다. 그리고 어른 남자아이인 나도 아이와 함께 '사람'을 그리는 게 너무나 어색하고 힘들었다.

청력에 민감하다

서원이가 청력에 민감하다는 사실은 서원이가 태어나고 한참후에야 알게 되었다. 어느 순간부터 잘 놀라거나 큰소리가 나면 긴장하는 모습을 보이곤 했다. 특히, 남자 목소리를 들으면 많이 위축되었다. 문화센터에서 하는 체육 수업에도 제대로 참여하지 못하고 엄마 품에만 있으려 하는 아이를 그때는 잘 이해하지 못했다. 하지만, 나중에 남자 선생님을 무서워해서 그런다는 것을 알게 되고는 어느정도 이해는 갔다.

고백하자면 나도 서원이에게 소리를 지른 적이 여러번 있었다. 떼를 쓰거나 투정을 부리면서 울 때는 내 감정을 통제하기 힘들 때가 있었기 때문이다. 그럴 때마다 나도 모르게 큰소리가 터져 나왔고 그 소리에 놀라 눈이 동그래지면서 울음을 뚝 하고 멈추던 서원이였다. 올바른 방법이 아니라는 걸 알았지만 조용해지는 아이를 보면서 차마 그 유혹에서 자유롭지 못했다. 부드럽게 다독이는 아빠의 목소리 보다 다그치며 소리치는 아빠의 목소리에 더 쉽게 반응을 보이니 말이다. 여자아이를 키우는 아빠들은 명심하자. 딸아이와 대화할 때는 (쉽지는 않겠지만) 욱하지 말고 반드시 '톤다운'을 할 필요가 있다는 사실을 말이다. 미안해 서원아, 아빠도 반성하고 있단다. 에휴~

육아 팁: 딸 키우는 서원 아빠 7계명

1. 딸의 '관계'를 존중해주는 아빠가 되자 (친구, 선생님, 엄마와의 건강한 관계 속에서 아이는 성장한다)

2. 항상 그 자리에서 지켜봐 주는 아빠가 되자 (일관성과 신뢰는 딸의 정서적 안정감에 도움을 준다)

3. 딸을 이해해 주는 친근한 아빠가 되자 (딸은 문제해결이 아닌 공감과 수용을 원한다)

4. 스스로 결정하고 책임질 수 있도록 도와주는 아빠가 되자 (아이의 정신적, 생활적, 경제적 '자립'이 부모의 역할이다)

5. 운동, 놀이 등 신체활동을 많이 하는 아빠가 되자 (딸의 체중 증가는 불필요한 성조숙증을 초래한다)

6. 건강한 스마트폰 습관을 키워주는 아빠가 되자 (딸은 스마트폰 관계 속으로 쉽게 중독될 수 있다)

7. 평소 애정 표현을 자주 하는 아빠가 되자 (안아주기, 칭찬하기, 사랑한다는 말, 관심의 표현은 백신과도 같다)

친형제같은 사촌들

존재만으로 소중하다

서원이는 외동이라 친형제가 없이 자란다. 하지만 다행히 7명의 사촌 조카들이 있어서 외롭지 않다. (성인이 된 사촌 언니 2명을 빼면 비슷한 나이 또래다) 특히 유치원을 다닐 때부터 지금까지 교류하며 친하게 지내온 사촌 형제 3명을 소개해 본다. 때로는 사촌도 형제만큼 깊은 우정과 끈끈함을 이어갈 수 있다는걸 아이가 보여주길 바라는 마음이다.

찰떡궁합 남동생

내 여동생이 결혼 7년 만에 어렵게 낳은 조카가 바로 '윤우'다. 지금은 초등학교 2학년이 되어 남들 앞에서 영어를 유창하게 말하고 태권도 발차

기를 씩씩하게 할 정도로 많이 컸다. 엄마의 학구열과 아빠의 협조적인 태도가 합쳐져 최근에는 동탄에서 분당으로 이사도 갔다. 학생수가 많아서 그런지 윤우가 다니는 학교에서 확진자가 생겨 자가격리를 하느라 고생도 엄청 많이 했다고 들었다. 문에 칸막이 비슷한 걸 하고 방안에서 혼자 2주 동안 있어야 했다니 얼마나 외롭고 답답했을까? 그리고 그걸 지켜보는 부모 마음이 얼마나 안쓰러웠을지 대략 짐작이 간다. 그래도 윤우는 그 힘든 시간을 씩씩하게 이겨냈고 지금은 아주 잘 지내고 있다.

윤우는 서원이의 가장 가까운 사촌 남동생이다. 처음에는 남자아이라 서로 충돌하고 안 맞을 거라 걱정했는데 기우에 불과했다. 명절 때나 가끔 만날 일이 있을 때면 그야말로 죽이 맞아 거의 밤새도록 같이 논다. 서원이가 2살 누나라 양보도 해주고 부드럽게 윤우를 이끌어 주다보니 싫지가 않은가보다. 사실 윤우도 여느 사내아이보다 조금 섬세하고 여린 심성이 있어서 그런지 누나의 말을 잘 듣는다. 때로는 윤우가 리드를 하며 공룡 만들기 놀이도 하고 서원이가 리드를 하며 그림 그리기도 같이 한다. 놀이터에 나가면 술래잡기도 하고 그네를 타면서 뭐가 그리 좋은지 까르르 웃으며 시간 가는 줄 모르고 논다.

이렇게 놀다보면 어느새 이별의 시간은 서원이보다 윤우에게 더 힘들다. 앞에서는 애써 태연한 척 심드렁하게 인사를 하지만 우리가 떠나고 나면 반나절을 슬피 울었다는 얘기에 가슴이 짠하기도 했다. 서원이도 아쉬운 마음을 숨기지 않지만 그래도 누나라서 그런지 격한 아쉬움을 드러내지는 않는다. 아마 같이 놀면 재밌고 좋지만 그래도 동갑 친구만큼은 아닐 거라는 생각이 든다. 지금도 가끔 영상 통화를 하면 1시간이 넘게 자기들끼리 웃고 떠들면서 신나게 얘기를 한다. 시간을 통제 안 하면 아마 몇 시간이고 계속할 기세다. 그래도 이렇게 별 마찰 없이 우애 있게 지낼 수 있는 동생이 있다는 게 참 다행이라는 생각이 든다. 오랫동안 좋은 누나, 동생으로 지냈으면 좋겠다. 친동생처럼 말이다. 윤우야, 누나를 잘 부탁해!

이쁜 깍쟁이 여동생

아내는 4형제의 셋째다. 위로 오빠와 언니가 있고 밑으로 2살 터울의 여동생이 있다. 그 여동생의 첫째 딸이 바로 '바름'이다. 바르게 살라고 해서 붙여준 이름인데 참 특이하고 예쁘다. 둘째 동생 이름은 더 특이하다. 바로 '옳음'이다. (절대 오타가 아니다) 바름이와 옳음이, 그야말로 따뜻한 웃음이 절로 배어 나오는 정겨운 이름이다. (마치 오성과 한음처럼 말이다) 바름이는 현재 충북 오창에서 엄마, 아빠와 함께 살고 있다. 아이들 아빠의 일터가 근방이고 엄마인 처제도 그곳에서 학원을 운영하면서 두 딸을 열심히 키우고 있다. 처제가 막내라 그런지 오빠, 언니들의 보살핌과 때로는 핍박(?)도 받다 보니 낙천적이고 독립적인 성격의 처제가 되었다. (순전히 내 생각이다)

바름이는 서원이가 챙겨줘야 하는 동생이다. 4살 터울이라 같이 놀기에는 조금 어렸고 수준도 서로 맞지 않았다. 자기 장난감도 쿨하게 줬던 윤우에 비해 바름이는 아직까지 가지고 놀던 장난감을 새침하게 뺏어가곤 했다. 서원이가 언니라서 그런지 바름이를 이해해주곤 했지만 가끔은 티격태격하다가 삐져서 혼자서 놀곤 한다. 아마도 언니로서 속상하고 답답한 심정도 못내 있었을 거다.

그래도 가깝게 지내는 사촌 동생 중 같은 성별이라 그런지 코드는 비교적 잘 맞아 보였다. 옷을 입고 패션쇼를 한다든지 인형을 가지고 놀 때는 자매처럼 다정하고 친해 보인다. 항상 언니, 언니 하면서 서원이에게 찰떡같이 붙어 다니는 바름이를 보면서 아직은 친동생보다는 사촌 언니가 더 좋은 것 같다. 그러고보면 서원이가 예전에 언니 만들어 달라는 이유도 다 같은 맥락인 것 같다. 아마 바름이가 더 크게 된다면 서원이는 남동생인 윤우보다 바름이와 더 친하게 지낼 수도 있을것 같다. 아무래도 동성끼리 통하는 게 더 많기 때문이다. 바름아, 어서 커서 언니랑 싸우지 말고 오손도손 잘 놀아~

#든든한 사촌 오빠

성재는 아내 오빠의 첫째 아들이다. 서원이와는 4살 터울로 지금은 중1 중학생이 되었다. 하지만, 서원이가 3살 때 성재는 유치원생이었고 만날 때마다 재미난 오빠가 되어 주었다. 항상 에너지가 넘치고 장난기로 가득 찬 성재는 서원이가 볼 때는 서커스단의 피에로처럼 즐거운 대상이었을 것 같다. 소파를 뛰어넘고 바닥을 거침없이 기어 다니며 이상한 소리를 내는 말썽꾸러기였다. 그런 오빠가 노는걸 보기만 해도 까르르 웃으며 좋아했던 서원이의 해맑은 얼굴이 기억에 선하다. 다소 과격하지만, 몸으로 신나게 노는 성재 오빠를 만나고 돌아오는 차안에서는 피곤한지 금방 잠이 들곤 했다. 그래도 성재 오빠를 만나러 간다고 하면 항상 즐거워 했다.

지금의 성재는 목소리도 굵어졌고 아빠를 점점 닮아가면서 예전의 장난꾸러기 모습은 그 어디에도 찾아볼 수가 없게 되었다. 명절에 같이 만나면 무뚝뚝하게 변해버린 오빠가 서원이도 어색했는지 이제는 나이 차가 있는 여동생들하고만 놀려고 한다. (성재는 여동생이 둘 있다) 세월이 흘러감에 따라 아이들이 성장해가는 모습을 보면서 시간이 빨리 흘러간다는걸 느낀다. 어릴적 사촌과 같이 놀던 모습도 어느덧 추억이 되어 내 가슴속에 남아 있을 뿐이다. 아마 서원이는 너무 어려서 그런 기억을 못 할런지도 모른다. 하지만, 외동인 서원이가 앞으로 성재를 친오빠처럼 믿고 의지할 수 있는 사이로 발전해 갔으면 좋겠다. 성재야, 서원이를 동생처럼 잘 부탁해!

제5장
아빠라는 이름으로

좋은 아빠가 되고 싶다

나만의 좋은 아빠 10계명

하나밖에 없는 딸아이의 좋은 아빠가 되기 위해 항상 고민하고 또 끊임없이 반성한다. 하루가 다르게 성장하는 아이의 매 순간이 낯설고 처음이라 당황스러워 어떻게 대처해야 할지 몰라 끊임없는 고민에 빠진다. 실수하고 나서 후회하는 경우도 다반사다. 아이와 함께 성장하면서 좋은 아빠가 되려고 항상 노력 중이다. 비록 부족하고 때로는 한심해 보일 수도 있지만, 어제보다 조금 더 나은 아빠의 모습을 보여준다면 아이도 분명히 느낄 것이라 믿는다. 우리 아빠도 노력하고 있다는 점을 말이다. 오늘도 사랑하는 딸아이를 위해 아빠의 좋은 뒷모습을 보여주려는 나의 노력은 여전히 '진행형'이다.

1. 몸으로 같이 놀자 ('놀아주기' 아님)

아빠가 엄마보다 조금 더 잘할 수 있는 건 체력적으로 조금 더 우위에 있는 몸으로 아이와 노는 일이다. 놀이를 통한 아이와의 스킨십과 정서적 교감은 아빠에 대한 긍정적인 이미지 형성과 사회성, 협동심을 배울 수 있는 좋은 기회가 된다. 특히, 딸아이를 가진 아빠라면 생애 처음으로 마주하는 남자에 대한 이미지를 아빠를 통해 만들고 이후 건전한 이성 관계를 만드는데 초석이 된다고 한다. 아이의 성장 과정과 훗날 행복한 인생을 위해서라도 전투적으로 성심성의껏 같이 놀아야 한다. 아이가 사춘기가 오면 그땐 가까이 오려고 하지도 않을 거다. 같이 놀고 싶어도 사전에 그런 기회를 차단당하는 셈이다. 지나간 버스에 손을 흔들어 봤자 후회해도 때는 늦었다.

서원이가 어린이집을 다닐때는 소꿉놀이(병원놀이, 가계놀이, 부부놀이)를 아빠와 참 많이도 했다. 비행기 놀이라고 다리에 아이를 올려놓고 손을 잡아 흔들어주면 까르르 웃으며 아빠 얼굴 위로 침을 흘려 당혹스럽던 기억도 떠오른다. 지금은 카드놀이, 악기놀이, 레고놀이를 많이 한다. 가끔은 일부러 간지럼을 태우며 스킨십도 하곤 한다. 아이의 몸을 쓰다듬을 수도 있고 웃음소리도 들을 수 있어 일석이조다. 딸이라 그런지 놀이의 강도가 그다지 높지는 않아 다행이다.

2. 칭찬과 격려를 아끼지 말자

우리는 훈육이라는 이름으로 아이를 항상 통제하고 나무란다. 버릇을 고친다며 '안돼'를 입에 달고 산다. 이러한 육아 방식은 아이를 숨 막히게

할 뿐이다. 통제와 규칙만으로는 아이들은 절대 변화하지 않는다. 아이는 믿는 만큼 성장한다는 말이 있다. 아주 훌륭한 일을 하지 않더라도 '노력하는 과정'을 칭찬해주고 잘할 수 있다는 격려를 자주 해주자. 양적 '충분함'뿐만 아니라 질적 '충만함'도 느끼게 해주자. 그러면 분명히 아이는 조금씩 변화된 모습을 보여준다. 오냐오냐해주면 버릇 없어질 거라는 생각은 잘못된 생각이다. 칭찬과 단호함을 적절히 섞어 준다면 반듯한 아이로 성장할 수 있다.

서원이는 피아노 치는 걸 좋아한다. 한동안 학원을 못 가 유튜브를 보면서 혼자 열심히 연습했다. 본인이 좋아서 했지만 때로는 막히거나 어떻게 해야 할지 몰라 힘들어 할 때도 있었다. 그때마다 나는 선생님 없이 혼자서 정말 잘하고 있다고 충분히 칭찬해 줬다. 가끔은 피아노를 안 치고 다른 악기와 믹싱(전자 피아노라 가능하다)을 하면서 DJ 흉내를 내면 어떻게 그런 기발한 음악을 만들 수 있냐고 놀라운 표정을 지워준다. 그래서 그런지 요즘은 피아노보다 DJ가 더 재밌어하는 눈치다. 뭐든지 재밌으면 된다. 아빠는 그저 젓가락으로 장단 맞춰주는 추임새 역할만 할 뿐이다.

3. 관심을 두고 대화를 하자

아빠가 엄마보다 힘들어하는 부분이다. 바쁜 일상에 지치고 찌들어 아이가 뭘 좋아하는지 친한 친구는 누구인지 원하는 게 뭔지 모르고 그냥 지나칠 때가 많다. 아이의 관심 분야를 모르니 아이가 좋아하는 대화도 할 수 없다. 성적과 공부검사만 하는 일상적이고 무미건조한 대화만 있을 뿐이다. 그런 느낌을 받게 되면 아이는 아빠와의 대화를 피한다. 점점 더 깊은 수렁으로 빠지게 되는 셈이다. 아무리 바쁘고 힘들어도 아이를 조금씩 '관찰'하는 게 필요하다. 그리고 아빠는 너에게 이렇게 관심이 있다라는 표현을 계속 해주어야 한다. 특히, 딸아이는 섬세하고 예민해서 아빠의 이런 제스처에 민감하게 반응한다. 유아기에 이런 타이밍을 놓치면 사춘기 때는 어떻게 손쓸 수가 없을수도 있다. 마음을 놓치면 아이도 놓친다.

4. 작은 실수는 눈감아 주자

아빠들은 실수에 민감하다. 목표 지상주의가 강하기 때문에 실수하면서 배운다는 생각보다는 잦은 실수는 목표를 달성하는 데 방해가 될 수 있다고 오랜 사회생활을 통해 무의식적으로 믿는다. 그래서 아이의 작은 실수에 눈살을 찌푸리고 짜증을 내며 일일이 훈계를 하려 한다. 이러한 양육방식은 아이를 주눅 들게 하고 작은 시도조차 하지 못하는 수동적인 아이로 만들수 있다. 아빠에게 혼날 게 두려워 아무것도 하지 못하고 그냥 포기하는 것이다. 남에게 피해를 주거나 큰 사고를 유발할 수 있는 게 아니라면 아이의 작은 실수는 그냥 눈감아 주는 인내심이 아빠에게 절대 필요하다.

나도 다른 아빠들처럼 아이의 실수를 용납 못 해 서원이에게 화를 낸 적이 적지 않다. 음식을 흘리며 먹는다고 짜증을 내고 공공장소에서 울음을 참지 못한다고 큰소리로 야단을 쳤다. 집에서 다트 놀이를 하는데 한 개도 제대로 과녁에 맞히지 못한다고 버럭 화를 내는 바람에 지금은 아이가 다트 근처에도 안 간다. 식당에서 실수로 젓가락을 떨어트리면 눈을 흘기고 차 안에서 과자를 흘리면 나도 모르게 목소리 톤이 올라갔다. 지금은 수도승처럼 수위조절을 하려 노력하고 있지만, 아직도 가끔 스멀스멀 올라오는 가스 압력은 조절하기 쉽지 않다.

5. 말보다는 행동으로 보여주자

'귀로 들은 내용은 잊어먹고 눈으로 본 건 기억하고 직접 해본 것만 이
해할 수 있다'라는 중국속담이 있다. 우리는 뭐든지 말하기는 쉽다. 하지
만 이래라저래라 참견하듯이 쉽게 말하는 건 잔소리로 들릴 수 밖에 없다.
특히, 아이가 커갈수록 그 효과는 점점 떨어진다. 아빠도 안 하면서 나한
테만 강요한다는 불만과 반항심이 생긴다. 아빠는 책을 한 권도 읽지 않고
소파에 누워 티브이만 보면서, 아이한테는 공부해라 티브이 보지 마라 하
는 건 그저 쇠귀에 경 읽기일 뿐이다. 아이가 하길 원하는 걸 아빠가 직접
보여주자. 본인도 하기 싫고 힘든 걸 아이는 과연 쉬울까? 아빠는 나이가
들어 못하지만 아이는 할 수 있다는 말이 과연 설득력을 가질까? 해보지
않고는 그 힘든 점을 이해조차 하지 못하기 때문에 생각 없이 말할 수 있
다. 아이 앞에서 행동하는 아빠가 아름답다.

나 역시 서원이 앞에서, 많은걸 하려고 노력한다. 꾸준히 책을 읽고 운
동(달리기/맨손체조)을 하고 악기(드럼)도 연주한다. 블로그에 글을 써서
보여주기도 하고 외국어(영어/중국어)도 꾸준히 연습한다. 한국어를 중국
선생님에게 가르쳐 주면서 서원이도 옆에서 같이 배운다. 저녁을 먹으면
서 하브루타(묻고 답하기)를 실천하고 식사 준비에 모두가 같이 동참한다.
이런 모습을 보면서 서원이도 자기 생각과 의견을 적극적으로 표현하고
실천하려 노력한다. 바람직한 현상이다.

6. 일관성이 신뢰를 가져다준다

아이 훈육을 위한 원칙과 규율은 '일관성'이 있어야 한다. 때와 장소에 따라 원칙이 흔들리면 그 뿌리마저 흔들려 아이는 더는 지켜야 할 이유를 찾지 못하게 된다. 기본적인 넓은 틀 안에서 아이가 마음대로 뛰어놀 수 있도록 안전한 울타리는 필수다. 그런 면에서 아이와 아빠가 지켜야 하는 약속을 정하고 특별한 일이 없다면 항상 지켜야 하는 불문율처럼 생각하게 만들어야 한다. 그래야 신뢰와 믿음이 가는 예측 가능한 아빠가 될 수 있다.

나는 아이에 대한 7가지 원칙이 있다. 이 7가지 원칙은 언제 어디서든 항상 지켜야 하는 일이라고 아이에게 주지시킨다. 원칙의 가치와 필요성을 모른다면 자칫 아빠의 고집으로만 비추어 질 수도 있다. 물론 그중에는 잘 지켜지는 것도 있고 아직 불안한 모습을 보이는 것도 있다. 그런데도 흔들리지 않는 일관성을 가진 아빠의 모습을 보여준다면 아이도 언젠가는 노력하는 모습을 보일거라 믿는다. (아빠의 육아원칙 7가지는 아래 글에 자세히 적어 두었다)

7. 아내와의 사랑을 보여주자

엄마는 아이가 가장 사랑하는 대상이자 세상의 거의 전부나 마찬가지인 존재다. 그런 소중한 엄마를 사랑해주는 아빠의 모습은 아이에게 더없이 충만한 안정감과 신뢰감을 줄 수 있다. 아내와의 대화 및 스킨십을 아이 앞에서 가능한 한 많이 보여주자. 그래서 아빠는 엄마를 사랑하고 우리

가정은 행복한 가정이라는 믿음을 심어줘야 한다. 이러한 안정적인 심리적 지지대가 있는 아이는 어떠한 외부의 충격과 혼란에도 쉽게 흔들리지 않고 의연한 모습을 보여준다. 내가 힘들어 도움을 요청하면 언제나 달려와 줄 수 있는 엄마, 아빠가 내 옆에 있다는 든든함이 있기 때문이다. 아내와의 사랑으로 그 든든한 울타리가 되어주자.

간혹 아내와의 사랑은 고사하고 부부싸움을 아이 앞에서 하는 경우가 있다. 싸움이 불가피하다면 가능한 아이 앞에서는 삼가하자. 그리고 혹시 아이가 알게 된다면 그 이유가 아이 때문이 아님을 잘 설명해줘야 한다.

8. 성 평등 의식을 심어주자

보통의 아빠들은 바쁘고 피곤하다는 이유로 가사 및 육아 분담에 소극적이다. 그리고 남자가 여자보다 육아에 능숙하지 않다는 이유로 합리화한다. 대신 남자는 돈을 벌어 가족을 먹여 살려야 한다는 책임감을 강조한다. 이런 상황은 자칫 아이에게 어렸을 적부터 남자와 여자의 역할이 나누어져 있다는 성 불평등 의식을 조장할 수 있다. 남자라서 이래야 하고 여자라서 이래야 한다는 고정관념은 할 수 있다는 의지를 꺾어버리고 고정된 성 역할에 안주하게 만든다. 요즘에는 남자 요리사가 대중의 인기와 관심을 얻는 세상이고, 육아휴직을 하거나 전업주부로 살아가는 남편들도 점점 많아지고 있다. 여자라서 할 수 없는 일들은 점점 줄어들고, 남자라서 안 해도 되는 일은 거의 없다고 해도 과언이 아닐 정도다. (언젠가는 여자도 군대에 갈날이 있지 않을까?) 남녀의 신체적인 차이를 이해하지만 단지 그 이유만으로 또다른 차별을 받지 않도록 특히 아빠가 더욱 신경을 써야 한다.

나의 경우에는 요리를 빼고(영 소질이 없다고 핑계를 대본다) 다른 집안일에는 적극적으로 참여한다. 빨래, 청소, 분리수거는 기본이고 몇 년 전까지만 해도 서원이 목욕 및 머리 말리기도 아빠의 주된 일과 중 하나였다. 내가 자진 백수(?)로 잠시 지내는 동안에는 아내가 생계를 책임지며 돈을 벌어줬다. 아빠만 돈을 버는게 아니라 엄마, 아빠 둘 다 할 수 있다는 걸 서원이도 알고 있다. 오히려 상대적으로 대범하고 손이 큰 아내와 달리 꼼꼼하고 세심한 아빠를 보면서 전형적인 엄마, 아빠의 모습과는 다른 분위기를 느끼고 있을지도 모른다.

9. 집안의 가훈을 만들어주자

아빠가 집안의 가훈을 아이들에게 알려주면 아빠의 위상이 높아질 뿐만 아니라 좋은 교육 효과도 기대할 수 있다. 좋은 부모는 아이가 올바른 선택을 할 수 있도록 '가이드라인'을 알려준다. 그런 면에서 가훈만큼 좋은 가이드라인은 없다고 생각한다. 당연히 가훈은 아빠의 독단적인 선택이 아닌 가족의 동의하에 만들어져야 하며 일단 정해지면 무조건 지킨다는 마음으로 바라봐야 한다. 이래저래 핑계를 대면 가훈의 의미는 퇴색되고 만다. 한 가정의 가장 중요한 가훈이 무너지면 다른 원칙과 규율마저 흔들리고 부모의 권위도 같이 떨어지게 된다. 가족 구성원의 동의를 얻어 지킬 수 있는 가훈을 만들고 그 사실을 아빠가 당당히 알려주자.

우리 집의 경우 최근에야 가훈을 만들었다. 사실은 소극적인 가족들의 태도 때문에 나의 의견을 내세워 가족들의 수동적인 동의를 얻은 셈이다. 가훈은 '죽을 때까지 재밌게 살자'이다. 다소 유치하고 처절해 보일 수도 있는 문구이긴 하다. 인정한다. 하지만, 이 문구는 최근에 읽은 책 제목에서 모티브를 따왔다. 이근후 박사의 '나는 죽을 때까지 재밌게 살고 싶다'라는 책을 너무나도 감명 있게 읽은 후 그분의 삶처럼 한 번뿐인 인생을 재밌게 살고 싶었기 때문이다. 자칫 '재미'라는 말이 가볍고 잠깐의 '흥미'와 비슷한 의미로 보일수 있지만 사실 재미만큼 중요한 가치와 의미도 없는 거 같다. 우리가 정말로 재미있는 영화를 본다면 몰입이 잘돼 시간도 빨리 가고 영화를 보고 나면 행복한 기억도 오랫동안 남는다. 반대로 재미없는 인생을 산다면 마지막엔 불행한 기억과 때늦은 후회만 남을것 같다는 생각이다. 정말 생각만 해도 싫어진다. 죽을 때까지 재밌게 후회 없이 살자.

10. 아이의 선생님이 돼보자

교육은 선생님만 하는 게 아니다. 부모만큼 아이를 더 잘 아는 사람은 없을 거다. (하지만 아이의 모든 걸 안다고 생각하면 그것도 오산이다) 아이가 원하고 필요한 게 뭔지 잘 알기 때문에 그 욕구를 적절히 충족시켜줄 수 있는 게 부모인거다. 특히, 평소 아이와 지내는 시간이 짧은 아빠가 선생님 역할을 해준다면 아이와의 교감능력도 좋아지고 서로를 이해할 수 있는 교두보를 마련할 수 있는 기회가 될것이다. 어떤 분야든 상관없다. 자기가 잘할 수 있는 분야를 아이가 관심을 보인다면 최상의 조건이다. 설사 자기가 잘 모르는 영역이라 하더라도 아이가 좋아하면 같이 배우면서 가르쳐 줄 수도 있다. 중요한 건 결과와 능력이 아니라 아빠와 아이가 함께 하는 과정과 시간이다. 여기서 주의할 점은 아이에게 너무 많이 가르치려는 과욕을 부리면 안 된다는 점이다. 자칫 아이에게 스트레스와 좌절감만 줄 수 있다. 뭐든지 '과유불급'이다. 아이와 즐기면서 눈높이를 맞춰가는 지혜가 필요하다.

나의 경우 아이에게 앞에서 소개한 3개 국어를 가르치고 있다. 영어, 중국어, 한국어 3가지다. 예전에는 드럼도 가르쳐 준 적이 있지만 자기는 피아노가 더 좋다며 바로 탈퇴(?)했다. 아이를 가르치면서 내 맘대로 되지 않아 나도 모르게 소리도 지르고 야단을 친 적이 여러 번 있다. 유대인 탈무드를 보면 인내심이 없으면 랍비(선생님)가 될 자격이 없다고 한다. 아이를 가르치면서 나와의 인내심 테스트에 빠지곤 한다. 이제 조금 있으면 서원이도 사춘기가 오는데 과연 나는 언제쯤 훌륭한 랍비가 될 수 있을까 걱정이 된다.

나는 어떤 부모인가?

아이의 마음을 보기 전에 먼저 나의 마음부터 살피자

나역시 그렇지만 아이의 부모가 되면서 모든 관심과 신경은 아이에게 쏠린다. 아이의 모든 행동과 말들이 부모에게는 중요한 행복의 지표가 되기 때문이다. 특히, 첫째의 경우는 그 정도가 더 심하다. 하지만 신이 주신 선물처럼 귀하고 소중한 존재인 아이가 어느 순간부터 자기중심적인 아이로 변해가는 걸 느끼게 된다. '아냐! 내꺼야! 싫어!'라는 말을 달고 살면서 부모와 신경전을 벌이기 시작한다.

보통 아이 뇌의 70% 이상이 완성되는 만3세(4살)부터 이러한 현상이 나타나고 5~6살 때부터 그 정도가 심해진다고 한다. 흔히 얘기하는 '삼춘기' 시절이다. 이때부터 아이에 대한 부모의 반응도 제각각이다. 아이가 드러눕고 사람들 앞에서 떼를 쓰면 어쩔 수 없이 들어주는 부모가 있는가 하면, 사람들 앞에서 심한 말을 하고 심지어 때리는 부모도 있다. 그냥 무시하고 내버려 두는 부모가 있는가 하면 드물지만 (외국 드라마에 나오는 부모처럼) 인내심을 가지고 아이를 끝까지 설득하는 부모도 있다고 한다.

이런 부모의 양육 형태는 부모의 기질과 성격, 자라온 환경 등 다양한 원인에서 기인한다고 볼 수 있다. 심지어 똑같은 상황에서도 부모의 감정 상태에 따라 다른 형태의 양육방식이 발현되곤 한다. 본인도 예측 불가인 말과 행동에 시간이 지나고 나면 후회하지만 반복되는 현실에 어쩔 수 없이 그냥 순응하며 살아간다. 이런 부모의 일관성없는 육아 태도에 아이는 극도의 혼란을 느끼며 불안해한다. 특히, 사춘기 아이들에게는 이러한 양육 태도가 치명적인 결과를 야기할 수 있다. 불안하고 초조한 사춘기라는 터널을 통과하는 아이가 일관되지 못한 부모의 양육 방식과 부딪치면 그 결과는 아무도 예상할 수 없는 공포 영화 그 자체가 될 수도 있기 때문이다.

그래서 부모로서 아이를 양육하기 전에 먼저 나는 어떤 부모인가 어떤 마음가짐으로 아이를 보고 있는지 객관적으로 살펴볼 필요가 있다. 며칠 전 '청소년 감정코치'라는 책을 읽으면서 발견한 4가지 부모 유형 (축소전환형, 억압형, 방관형, 감정코치형)이 있다. 본인이 어떤 유형에 속하는지 그리고 왜 그렇게 되었고 앞으로는 어떻게 행동해야 하는지 곰곰이 생각해 보는 시간이 필요하다. 아이의 마음을 보기 전에 먼저 부모의 마음부터 살펴보자.

나는 어떤 유형의 부모인가?

사실 나는 부모라고 생각했지만, 실제 행동에서는 억압형 부모에 가까웠다는 사실을 인정해야 했다. 아이의 부정적인 감정도 중요하다고 생각했었다. 하지만, 생각뿐이었다. 서원이가 계속 울거나 보채면 감정을 자제하지 못하고 울지 말라며 화를 냈다. (부끄럽지만) 소리를 크게 지르거나 얼굴 앞에 손가락질을 한 적도 있었다. 그래서 그런지 서원이는 어느 순간부터 소리 내어 울지 않고 눈물만 글썽인다. 그동안 나의 이기적인 생각으로 아이를 억압만 해서 그런 거 같아 정말 미안하고 죄스럽다.

또 한 가지 반성하는 점은, 아이의 상태와 감정에 상관없이 항상 올바른 규칙을 지켜야 한다고 너무 강요했던 거 같다. 올바른 행동과 습관이 너무나도 중요하다고 생각했기 때문에 지금 생각하면 과도하게 서원이에게 주입하려 한 것 같다. 아이를 주의 깊게 살피기보다는 나의 원칙을 위해 몰아붙이고 강요했다는 생각이 든다. 아이 입장에서 보면 아빠는 너무 딱딱하고 무서운 존재였을 거라는 생각이 든다. 아마도 아이의 사사로운 감정을 들어주면 자제력이 약해져 틈새로 빠져나갈 거 같다는 불안감이 작용했던 거 같다. 그래서 많이 미안하다.

물론, 나도 100% 억압형은 아닌 거 같다. 가끔은 상황을 모면하려는 축소전환형이 되거나 최근에는 아이의 감정에 더 관심을 기울이는 감정코칭형부모가 되기 위해 노력도 하고 있다.

육아 팁: 좋은 부모가 되는 방법 3가지

1. 감정 다스리기

부모가 화가 나 있거나 흥분을 한 상태에서는 어떠한 코칭도 아이에게는 독이 된다. 먼저 자기 자신의 감정을 진정시킨 후 대화를 시작해보자

1단계: 숨 고르기

5초 동안 숨을 깊게 들이마시고 5초 동안 내쉰다. 15초 정도 계속 반복하다 보면 어느새 조금은 진정된 걸 느끼게 된다.

2단계: 고마운 일 생각하기

먼저 화가 난 생각에서 벗어나야 한다. 가장 좋은 방법은 고마웠던 일을 생각하면 마음이 점차 편안해지고 가라앉는다고 한다.

2. 힘그괜 대화법

마음이 진정되었다면 힘그괜 대화법을 시도해보자. '힘들었구나, 그랬구나, 괜찮아 잘될 거야'라고 진정성을 담아 얘기해주면 된다. 처음에는 어색하지만 계속 반복하면 어느새 익숙해지고 감정도 자연스러워진다.

3. 감정을 통해 행동 유도

아이의 감정을 포착하고 들어주고 공감 해주자. 그리고 나서 아이와 함께 바람직한 행동을 유발할 수 있도록 독려하고 이끌어준다.

아이의 자존감은 아빠 하기 나름

리코더 부는 아이

한때 서원이는 리코더를 부는 취미가 생겼다. ('피리'라고 했더니 절대 아니라며 손사래를 친다) 2주 후 장기자랑에서 리코더를 불기로 했기 때문에 열심히 연습해야 한다며 열변을 토한다. 그래서 퇴근 후 집에 오면 그동안 연습한 실력을 내 앞에서 뽐내느라 바쁘다. 중간중간 삑사리가 나거나 박자가 안 맞아 눈을 질끔 감기도 하지만 그때마다 여유 있는 미소를 보내준다. 그리고 연주가 끝나면 다소 과장된 몸짓과 박수를 보내며 지난번보다 훨씬 좋아졌다고 칭찬을 해준다. 연습을 열심히 해서 집중력이 좋아진 거 같다는 멘트와 함께 실수는 좀 더 연습하면 괜찮아 질 거라고 애써 말해준다. 결과보다는 과정을 인정해주려고 노력한다. 서원이는 본인의 노력을 인정받은 느낌이 들었는지 옆에 앉아서 어떻게 연습했는지 종

달새처럼 재잘재잘 떠들며 아양을 부린다. 나의 칭찬전략이 완전히 먹혀 들어 가는 순간이자 아이의 자존감이 올라가는 순간이기도 하다.

육아 핵심 키워드

요즘은 육아를 할 때 아이의 자존감을 살려주는 육아가 대세를 이룬다. 어떻게 하면 아이의 자존감을 살려줘 사회성, 독립성, 창의성을 발달시켜 줄 수 있을까 고민을 하는 시대다. '자존감 수업'이라는 이름으로 많은 서 적과 체험학습, 자존감 비밀 등이 SNS상에서 소개되고 있다. 그야말로 '자존감'이 육아의 핵심 키워드라고 해도 과언이 아니다.

자존감이란?

자존감이란 무엇일까? 사전을 보면 자아존중감(自我尊重感, 영어: self-esteem), 줄여서 자존감이란 자신이 사랑받을 만한 가치가 있는 소중한 존재이고 성과를 이루어낼 만한 유능한 사람이라고 믿는 마음이다. 한 마디로 자신감을 말한다.

자존감 vs 자존심, 헷갈리네

흔히 자존감이라는 개념은 자존심과 혼동되어 쓰이는 경우가 있다. 자존감과 자존심은 자신에 대한 긍정이라는 공통점이 있지만, 자존감은 '있는 그대로의 모습에 대한 긍정'을 뜻하고 자존심은 '경쟁 속에서의 긍정'을 뜻하는 차이가 있다. 괜히 자존심 세우다 자존감에 상처를 받을 수 있다.

아이의 자존감 높이는 나만의 방법 4가지

1. 아이의 말을 끊지 말고 끝까지 들어주자

우리 가족은 가능한 저녁은 같이 먹으려고 노력한다. 저녁을 먹으면서 하루동안 무슨 일이 있었는지 대화하고 공감한다. 그래서 저녁을 먹을 때는 핸드폰을 하거나 책을 읽는 등 다른 행동은 일체 금지다. 우리 부부도 저녁 식사시간에 많은 대화를 하는 편이다. 회사 일이나 하루에 있었던 일들, 그리고 내일 해야 되는 일들에 대한 계획 등 상당히 많은 부분을 저녁을 먹으면서 이야기를 나눈다.

서원이도 저녁 시간에 우리의 대화를 열심히 듣다가 자신의 얘기를 하려는 마음에 우리말을 끊고 학교 얘기나 친구 얘기를 하는 경우가 종종 있다. 이때마다 얘기 중간에 말을 끊는 건 좋지 않다는 주의를 준다. 그리고 다른 사람 말이 끝나면 그때 본인의 얘기를 하라며 기다리게 한다. 아이는 언제쯤 자신이 말할 수 있을지 한참을 기다리다 결국은 '난 언제 얘기할 수 있는 거야!'라며 짜증을 내곤 했다. 그제야 서원이의 감정을 확인하곤 늦은 기회를 주지만 이미 감정이 상한 아이는 입을 닫고 고개를 숙이고 밥만

먹는다. (너무 우리끼리 얘기만 한 거다)

그래서 생각해낸 방법이 자신이 할 말이 있을 때는 손을 들어 의사 표현을 하는 방법을 쓰기로 했다. 그러면 부부가 대화하다가도 자연히 아이가 말하고 싶다는걸 눈치채고 배려할 수 있게 된다. 아이도 손을 들고 자신의 차례를 기다리는 동안 무슨 얘기를 할지 생각할 수 있는 시간도 벌수 있다는 장점이 있다. 물론, 우리의 대화가 생각보다 길어져서 아이에게 기회를 주는 시간이 늦어질 때마다 아이는 손을 흔들며 우리의 주의를 끌려고 한다. 그럴 때마다 아이의 행동이 귀여워 웃으면서 발언권을 주기도 하고 이미 예상되는 시나리오라 할지라도 최대한 끝까지 들어주려 노력한다.

한 가지 고민은 어른들만의 민감한 얘기나 서원이가 알고 있는 사람에 대한 평가를 어쩔 수 없이 해야만 할 때 아이가 옆에서 고스란히 듣고 있다는 것이다. '어른들의 대화에는 끼어드는 게 아니야'라고 다분히 권위적으로 말하면서 차단을 해보려 하지만 같이 있는 자리에서 왠지 서원이만 대화에서 배제하려는 느낌이라 조금은 미안한 마음도 든다. 어떨 때는 같이 얘기하고 어떨 때는 어른들의 대화라고 차단하는지에 대해 서원이가 헷갈릴 수도 있을 거 같아 고민이 된다.

사실 조금 민감하거나 아이가 들으면 안 될만한 얘기는 아이가 없을 때하는 게 맞다. 하지만, 나중으로 미루면 대부분 잊어먹고 못 하는 경우도 많았다. 그래서 저녁 식사 시간에 밀린 숙제를 하듯 많은 얘기들을 한 번에 하는 경우가 많은 것이다. 서원아, 아빠가 앞으로 교통정리 잘할 게 얘기 많이 해줘~

2. 결과가 아닌 '과정'을 칭찬해주자

우리는 흔히 '칭찬은 고래도 춤추게 한다'라는 말을 한다. 사람에게 있어 칭찬은 그 이상의 능력을 발휘할 수 있는 촉매제 역할을 한다는 뜻이다. 조금씩 자신감과 성취감을 맛보는 아이에게 칭찬은 절대로 빠질수 없는 육아의 중요한 한 부분이다. 이는 부모의 칭찬이 아이에 대한 인정과 관심의 징표이기 때문이다. 전문가들은 이러한 안정된 정서 속에서 아이가 어떤 일을 주도적으로 할 때 훨씬 더 효과적인 결과를 끌어낼 수 있다고 말한다.

하지만, 그 칭찬의 기준을 우리는 흔히 수치를 기반으로 한 결과에 두는 경우가 많다. 가령 시험에서 100점을 맞았다든지 착한 일을 한 달에 10번 했다든지 하는 어느 일정한 숫자에 도달했을 때만 칭찬을 해준다는 암묵적인 강요를 아이에게 한다는 것이다. 그래서 아이는 100점이나 10번에 못 미쳤을 때는 칭찬을 못 받게 된다고 생각한 나머지 중간 과정은 무의미하다는 생각을 가질 수 있다. 부모가 정한 목표를 달성할 수 없을 거 같으면 아이는 처음부터 포기하거나 건성건성 하는 경우가 생길 수 있다.

그래서, 부모는 아이가 설사 그 목표를 달성하지 못했다 하더라도 열심히 노력한 과정과 노력에 초점을 맞추어 충분히 격려하고 칭찬해줘야 한다. 그래야 이번에는 조금 부족했지만 다음에는 더 잘할 수 있다는 자신감과 동기부여를 가지고 어떤 일이든 해나갈 수 있기 때문이다.

3. 훈육은 남들이 없을 때 하자

전문가들은 건강한 육아를 위해서는 애착 관계 형성, 훌륭한 모델링 (model ling) 그리고 적절한 훈육, 이 3가지가 필요하다고 말한다. 잘못된 행동과 말을 했을 때는 그 시기를 놓치지 말고 따끔하게 훈육을 해줘야 버릇없는 아이가 되는걸 예방할 수 있다는 얘기다. 모든 경우에 해당하지는 않지만 할아버지, 할머니 손에 자란 아이들은 가끔 적절한 훈육 없이 무한 사랑과 애정만 받고 자라는 바람에 자기주장만 하는 이기적인 아이로 클 수 있다. 적절한 훈육 없는 일방적인 내리사랑은 아이 성장에 독이 될 수도 있다는 말이다.

하지만, 이러한 훈육을 효과적으로 전달하기 위해서는 공공장소가 아닌 둘만의 사적인 공간에서 반드시 이루어져야 한다. 어떤 부모들은 사람들이 있는데도 불구하고 고집을 피우거나 상대방 아이를 때린다는 이유로 큰소리로 혼내거나 심지어 아이를 때리기까지 한다. 그걸 옆에서 보는 사람들도 민망하고 분위기도 어색해지는데 당하는 아이 입장에선 그 심정이 오죽하랴싶다. 아마도 혼나는 이유는 저멀리 달나라로 가버리고 그저 창피하고 부모를 원망하는 심정만 남을 거 같다. 내 친구들 앞에서 혼나는 모습을 보였다는 사실에 괴로움을 느껴 훈육의 효과는 제로가 된다. 아니 훈육을 하다가 오히려 아이 성격을 더 망칠 수도 있다.

서원이는 성격이 소심하고 겁이 많아서 그런지 아주 어렸을 때부터 사람들 앞에서 떼를 쓰거나 다른 아이를 해코지하는 경우가 거의 없었다. 그래서 아이를 훈육해야 하는 난처한 상황도 별로 없었고 욱하는 마음도 별로 들지는 않았다. 하지만, 조금씩 커가면서 자연스럽게 본인의 주장이 강해지고 (한때는 외동이라 더 그런가 싶었다) 이기적인 태도를 보이기 시작했다. 가령 어른들이 있는데도 불구하고 가까이 와서 친구와 함께 과자나 음료수를 먹겠다고 조른다거나, 음식을 집어 먹다 맛이 없으면 다 같이 먹는 접시에 그냥 올려놓는 행동도 여러 번 한 적이 있다. 그런 행동이나 말투가 너무 과하다 싶으면 바로 그 순간 서원이를 조용히 끌고 화장실이나 아무도 없는 공간으로 데리고 간다. 그리고 조금은 단호한 태도로 따끔하게 아이에게 훈육한다. 서원이는 다소 풀죽은 모습을 보이지만 공개적으로 망신을 주는 것보다는 훨씬 빨리 원래의 감정으로 돌아오는걸 느낄 수가 있었다. 서원아, 언젠가는 이해할 거야 그때 아빠가 왜 그랬는지~

4. 혼자 할 수 있도록 기다려주자

언제부터인가 서원이는 혼자 하기를 좋아했다. 아주 어렸을 때는 같이 샤워도 하고 머리도 말려줬지만, 어느 순간부터는 모두 다 알아서 하겠다고 나섰다. 책도 읽어주고 장난감 놀이도 같이 했지만 어느새 한글을 알게 되면서 혼자 책도 읽고 놀이도 혼자 할 수 있는 것들을 찾아서 하기 시작했다. 조금은 섭섭한 마음도 들었지만 한편으로는 이렇게 많이 성장했구나 뿌듯한 마음이 드는 것도 사실이다. 그렇게 아이는 아빠의 도움 없이 혼자서 조금씩 홀로서기를 하고 있는 것이다.

부모는 아이가 혼자가 주도적으로 어떤 일을 할 수 있도록 인내심을 가지고 봐 줘야 한다. 아주 위험한 상황이 아니라면 아이가 할 수 있도록 내버려 둬야 한다는 것이다. 그래야 조금의 실수를 하더라도 아이가 독립성과 창의성을 발휘할 수 있고 더불어 문제해결 능력과 성취감도 맛볼 수 있게 된다. 열성 부모일수록 조바심과 애처로운 심정에 미리 도와주고 싶은 생각이 많아 기다려주기가 쉽지 않다. 혹시 실수하거나 잘못되는 경우를 못견뎌 사전에 차단해주려는 부모의 보호 심리가 숨겨져 있다.

　나 또한 서원이가 아주 어렸을 때부터 음식을 흘리는 걸 잘 참지 못했다. 혼자서 손으로 음식을 주물럭거리며 반은 흘리는 모습을 보는 게 나를 몹시 힘들게 만들었다. 그래서 턱받이를 해주고 조금씩 한입에 먹을 수 있게 잘게 잘라서 먹이는 걸 선호했다. 간혹 음식을 흘리면 눈을 흘기며 타박하기도 했다. 아마도 음식을 흘리면 바닥을 치워야 하고 옷도 갈아입혀야 하는 불편함이 그렇게 만든것 같다. 아주 나중에 안 사실이지만, 아이는 밥을 먹는 건 단순히 배를 채우는 행위가 아니라 오감을 활용한 일종의 놀이라는걸 뒤늦게 알게 되었다. 손으로 만지면서 코로 냄새를 맡으면서 혓바닥으로 식감을 느끼면서 아이는 자기만의 세계를 확장하고 있는 것이다. 나의 이기적인 생각과 육아 상식 부족으로 아이의 건강한 발달을 가로 막은 거 같아 죄책감과 미안한 마음이 들었다. 서원아, 아빠가 더 많이 공부할게~

단단한 뿌리는 쉽게 흔들리지 않는다!

　뿌리가 약한 식물은 산들바람에도 흔들리고 쉽게 넘어간다. 자존감이라는 강력한 무기를 몸 안 깊숙이 가지고 있는 아이는 이후 난관과 갈등의 순간에도 쉽게 흔들리지 않고 의연하게 대처할 수 있는 힘을 갖게 된다. 그리고 그러한 자존감을 가질 수 있도록 만드는 건 부모의 역할이 크다. '아이는 부모의 뒷모습을 보고 배운다'라는 말이 있다. 아이 앞에서 (아이 잘되라는 말이지만) 수많은 잔소리를 끊임없이 하는 것보다 몸소 행동하고 실천하는 모습을 보임으로써 아이는 그대로 보고 배운다는 말이다. 앞에서 열거한 4가지 팁 중에 단 한가지라도 실천하는 부모가 되어 보자. 달라지는 아이의 모습에서 부모의 자존감도 같이 단단해 질 수 있다. 아이와 함께 성장하는 그런 부모의 모습 말이다.

훈계와 잔소리의 외줄타기

#아빠는 규율 반장

서원이가 아주 어렸을 때부터 조금 더 엄격한 잣대로 아이를 훈육한 건 주로 아빠인 나였다. 보통의 가정에서는 주로 엄마가 잔소리와 훈육을 하고 아빠는 방관자 혹은 호통 몇 번으로 험악한 분위기를 잡는 역할만 한다. 하지만, 우리 집은 조금 다르다. 아마도 개인의 성격 문제일 수도 있고 자라온 환경의 차이일 수도 있지만 조금 더 세심한 내가 훈육과 관련된 주의사항을 아이에게 주지시키고 확인하는 편이다. 아마도 우리 부부가 맞벌이하면서 상대적으로 서원이에 대한 관심과 훈육이 부족할 수 있겠다는 나의 조바심과 불안감이 작용했기 때문일 수도 있다. 사실 조금은 방목형으로 자란 아내와 달리 부모의 관심을 많이 받고 자란 나였다. 그런 가정환경이 어쩌면 아이의 자유로운 성장을 방해하고 답답한 느낌을 줄 수 있기 때문에 내 아이만큼은 하고 싶은 대로 할 수 있도록 도와주고 싶었다. 하지만, 신기한 점은 막상 내 아이가 생기면서 올바른 훈육이라는 이름으로 많은 주문과 요구를 아이에게 하는 나를 발견하게 되었다. 이래서 자라온 가정환경의 영향은 무시 못 하는구나 비로소 이해가 갔다.

어찌 보면 내가 말하는 육아 원칙이 듣는 아이 입장에서는 듣기 싫은 잔소리일 수 있다. 변명하자면 아빠 입장에서는 엄청 많은 것을 요구하는 것도 아니라는 생각을 한다. 또한 모든 게 다 본인을 위한 일인데 그게 그리 힘들까 하는 안이한 생각도 내 말투에 스며있을 수 있다. 하지만, 육아를 하면서 아이에 대한 일관성 있는 원칙은 매우 중요하다고 생각해왔다. 이 세상에는 오랜 세월이 지나도 바뀌지 않는 가치와 진실이 있듯이 지금 서원이에게도 중요한 아빠 원칙은 반드시 지켜야 한다고 생각한다. 그래서 여기에 서원 아빠 육아원칙 (or 잔소리) 7가지를 소개해 보고자 한다.

서원 아빠 육아 원칙 7가지

1. 손톱 물지 않기_병균이 들어가 야야 해요

서원이는 유치원을 다니기 시작하면서 어느 순간 손톱을 입으로 뜯기 시작했다. 아마 달라진 환경에 대한 불안감의 표현이자 어색한 순간을 극복하기 위한 반사작용일지도 모른다. 중요한 건 한창 호기심이 왕성해서 뭐든지 손으로 만져봐야 하는 시기에 손톱을 입으로 가져가면 세균과 병균들이 아이 몸속으로 들어가게 된다. 그래서 그런지 서원이는 감기, 콧물을 달고 살았다. 아무리 약을 먹어도 잘 낫지 않고 기침이 심해 잠을 설친 적도 많았다. 부모로서 안타까운 마음에 얼마나 많이 뜯었는지 손톱을 확인한 순간 정말로 기가 막혔다. 그 고사리 같은 손에 손톱이 거의 없어 살을 파고 들어갈 정도였다. 손톱 깎을 일이 없을 정도였으니 말이다. 그 손톱의 일부가 서원이 입으로 들어갔을 거라 생각하니 그동안의 나의 무관심에 속이 많이 쓰렸다.

그래서 그 이후부터는 안되는 이유를 차근히 설명해 주면서 손톱을 뜯으면 아플수 있다는 주의를 계속해서 주었다. 물론 몰래 손을 입으로 가져갔다가 들킨 적도 많았지만 조금씩 횟수가 줄어들었고 지금은 물어뜯지 않는다. 안타까운점은 그 습관이 발가락을 만지거나 손톱 주위 살을 손가락으로 비비는 행동으로 바뀌었다는 사실이다. 어쨌든 손톱을 무는 것보다는 낫다는 생각에 위로해 본다. (근본적인 문제는 아이의 불안감인 거 같다)

2. 헤드업, 고개 들기_바른 자세 습관 들이기

서원이가 책상에서 숙제하거나 그림을 그릴 때 깜짝 놀란 적이 있었다. 고개를 너무 숙여 머리가 거의 책상 바닥에 붙을 정도로 그 정도가 심했기 때문이다. 그렇게 구부정한 자세로 오랫동안 앉아 있으면 당연히 척추와 목에 안 좋은 영향을 줄 게 뻔하고 시력 또한 걱정이 되었다. 그래서 책상에서 고개를 숙이고 있는걸 볼 때마다 '헤드업~'이라고 낮은 목소리로 주의를 주곤 했다. 서원이도 허리를 세우려고 노력을 하는데 왜 안되는지 모르겠다며 어려움을 성토한다. 혹시 글자가 잘 안 보여서 그런가 싶어 시력검사를 했는데 역시나 눈도 안 좋아 결국 안경을 쓰고 말았다. 하지만, 그 이후로도 좀처럼 자세는 고쳐지지가 않았다. 이제는 고개를 너무 숙일 때마다 핸드폰 사용 시간을 줄이는 방법을 사용 중이다. 주의를 주는 거로는 더이상 안되기 때문에 실질적인 제재가 필요하다고 느꼈기 때문이다. 그럼에도 불구하고 여전히 나아질 기미가 보이지 않아 아빠의 고민이 깊어간다.

3. 솔직해지기_거짓말은 또 다른 거짓말을 만든다

거짓말은 좋지 않은 습관이자 위기를 벗어날 수 있는 달콤한 유혹과도 같은 존재이다. 서원이가 아주 어렸을 적부터 항상 거짓말은 나쁜 거라 주지시켰다. 어떤 일도 솔직히 얘기해주면 엄마, 아빠가 다 용서해줄 거라 약속했고 또 그렇게 해주었다. 다행히 서원이는 거짓말을 잘 하지는 않는다. 오히려 조금은 뻔뻔하게 자신의 실수를 솔직함이라는 무기에 실어 아빠에게 빵빵 쏘면서 용서를 구하기도 했다. 너무 당당한 거 아니냐는 아빠의 항의에 '그래도 거짓말하는 것 보다는 낫잖아~'라고 하면서 항변한다. 사실 서원이도 거짓말을 아예 안 하는 건 아니다. 요즘에는 가끔 양치했다고 우기다가 아빠의 추궁에 꼬리를 내린 적도 있었고, 숙제를 다 했다며 놀고 있기에 직접 검사를 해보면 그냥 답만 맞춘 적도 여러 번 있었다. 아마도 서원이가 더 크면 이보다 훨씬 더 강도가 센 거짓말을 할 수도 있을 거다. 하지만, 거짓말은 임시방편이고 본질적으로 문제를 해결할 수 없다는 사실만은 서원이가 알아줬으면 좋겠다.

4. 시간약속 지키기_자기조절 능력 키우기

시간이 돈이고 금이다. 무한한 게 아니라 한번 흘러가면 되돌릴 수 없다. 그리고 시간만 잘 지켜도 더 많은걸 할 수 있다. 약속의 중요성도 알 수 있고 믿음과 신뢰라는 가치도 지킬 수가 있다. 내가 주말에도 새벽에 일어나는 이유이기도 하다. 그래서 항상 서원이에게도 시간을 잘 지키라고 한다. 실제로 서원이는 아빠와 약속한 시간이 적지 않다. 주말 티브이 시청은 1시간이다. 처음에는 시간이 지난 것도 모르고 그냥 넋 놓고 보다가 아빠의 제재로 시청 시간이 줄어든 적도 있었다. 그래서 이제는 아예 스톱워치를 켜놓고 티브이를 보고 정확히 시간이 종료되면 끈다. 핸드폰 사용도 주중에는 1시간, 주말에는 1시간 반으로 정했다. 시간이 다되면 저절로 잠겨버린다. 취침 시간도 별일이 없으면 저녁 10시이고 아침 7시 반에는 일어나야 한다. 이젠 서로 간의 시간 약속을 잘 지키면 불필요한 의견충돌도 막을 수 있고 본인이 하고 싶은 것들을 오히려 더 많이 할 수 있다는 믿음을 서원이는 갖게 되었다. 그리고 요즘에는 이번 약속을 지키면 다른 것도 해달라며 나름 아빠와 협상까지 한다. 시간 준수를 통해 자기를 조절하는 능력을 배우고 있는 거 같아 아주 흐뭇하다.

6. 치카치카 꼭 하기_세수는 안 해도 양치질은 필수

유전적으로 우리 집안은 치아가 약한 편이다. 당연히 그걸 잘 몰랐던 어린 시절에는 과자와 사탕을 주식처럼 가까이했고 그 결과로 썩은 이빨 치료를 위해 치과를 문턱이 닳도록 자주 다녔다. (아직도 그때 치과 이름이 기억난다. 공포의 임순모 치과!) 학창 시절 가장 무서운 곳이 지옥보다 치과였고 치과에 있는 전동모터 소리만 들어도 지금까지 소름이 끼친다. 조금 철이 들어 치과 방문이 뜸해지는가 싶었지만 중3때 치아교정을 시작하면서 또다시 치과를 지겹도록 다녔다. 치과를 다녀온 날은 이빨이 아파서 밥도 먹는둥 마는둥했고 잠도 제대로 못 잤다. 그야말로 치과와의 악연이 너무나도 깊었다.

그래서 그런지 서원이에게는 그런 힘든 고통을 안겨주고 싶지 않았다. 아주 어렸을 적부터 항상 치카치카의 중요성을 강조했고 세수는 안 해도 치카치카는 꼭 해야 한다고 말해줄 정도였다. 그리고 서원이에게 세상에서 가장 안 좋은 거짓말은 바로 양치했다는 말일지도 모르겠다. 자기 전에는 지금까지도 내가 마무리를 해준다. 그리고 서원이 칫솔 상태를 체크해서 조금이라도 닳으면 새것으로 교체해준다. 그 덕분에 4학년인 지금까지도 그 흔한 충치 치료도 한번도 안 했고 다행히 치아 상태도 좋은 편이다. 다만, 언제까지 취침 전 양치 마무리를 해줘야 할지 그 시기만 고민 중에 있다.

7. 스킨십_하루 4번 호르몬 샤워

우리 집의 또 하나의 규칙이자 문화는 매일 스킨십을 하는 거다. 사실 스킨십은 처음이 어색하지 하다 보면 익숙해지고 편안해진다. 간혹 마음이 불편하고 화가 날 때도 어쩔 수 없이 스킨십을 하고 나면 조금은 풀리는 거 같다. 기분 좋을 때 하면 행복감에 짜릿한 기운마저 느껴진다. 바로 사랑하는 사람끼리 서로의 체온을 느끼며 상대방을 깊숙히 공유하는 스킨십의 마력이다. 돈 한푼 들지않는 호르몬 샤워를 매일 해보자.

마치면서
딸에게 쓰는 편지

2011년 7월 17일 10시 19분. 서원이 네가 3.14kg의 건강한 체중으로 엄마, 아빠에게 찾아온 시간이야. 10달 동안 그토록 기다렸던 너를 보는 순간 나도 드디어 아빠가 되었다는 기쁨도 있었지만 사실 좀 얼떨떨하기도 했어. 서원이의 갓 태어난 모습이 상상한 것과는 조금 달라 (약간 빨간 고구마 같았거든, 미안~) 당황스러웠거든. 하지만, 시간이 흐르고 하얀 포대기에 씌워진 채 영아실 침대에 누워 쌔근쌔근 자는 너의 모습을 보는 순간, 마치 하늘에서 내려온 천사를 보는 것 같은 기분이었어. 하늘이 우리에게 보내주신 빛나는 보석처럼 보였거든.

그렇게 우리 곁에 찾아온 너는 무럭무럭 자라 6개월쯤부터는 멋지게 뒤집기에 성공하고 어느 순간 소파를 잡고 일어서는 괴력을 보여줬어. 거기에서 만족하지 못하겠다는 듯이 흘러나오는 노래에 맞춰 좌우로 몸을 흔들며 멋진 춤을 추는 놀라운 끼를 우리에게 보여줬지. 어느덧 1년이 흘러 돌잔치가 다가왔고 일가친척과 지인을 불러 한정식 식당에서 전통 스타일로 멋지게 1살 신고식을 치를 수 있었어. 근데 돌잡이로 네가 '활과 화살'을 잡아 엄마, 아빠가 조금 당황한 거 알아? 그리고 그 화살을 할아버지가 천장에 쏴서 붙였던 기억이 나네. 아마 그래야 복이 온다고 해서 했던 거 같아. 너는 전혀 기억을 못 하겠지만 말이야.

네가 4살 때부터 아파트 어린이집을 다니기 시작했는데 엄마, 아빠 걱정할까 봐 그런지 대견하게도 배변을 가리기 시작해서 기저귀를 떼고 다녔어. 어린이집에서 친구들과 같이 공부하고 밥도 먹는 모습을 창문을 통해 몰래 지켜보면서 이제 서원이가 참 많이 컸구나 하는 생각도 했단다. 하루가 다르게 밝은 모습으로 커가는 비타민 같은 너를 보면서 아빠도 더 열심히 살아야겠다는 다짐을 하곤 했지. 하지만, 세상일은 마음대로 되지 않는지 그만 회사를 잘못 이직하는 바람에 3달 동안 너를 보지 못한 적도 있었어. 우여곡절 끝에 다시 돌아와 할머니 품 안에 있던 너를 3달 만에 안아보는 그 순간을 아빠는 영원히 잊지 못할거 같아. 반가움과 미안함이 강력하게 교차하던 순간이었기 때문일거야.

그리고 네가 유치원 장기자랑을 멋지게 하던 모습, 꽃다발을 들고 처음으로 졸업이라는 걸 하던 그때, 롯데월드에서 무대 위 공연을 넋이 빠져보던 모습 그리고 제주로 내려와 초등학교 입학식에 긴장하며 앉아있던 그 모든 모습이 아직도 아빠 눈에 선하다. 지금도 그때 생각만 하면 가슴이 먹먹해지기도 하고 빙그레 웃음이 나기도 하고 그래. 서원이가 있어서 간직할 수 있었던 소중한 추억들이야. 너무나 고맙게 생각하고 대견해 하는 거 알고 있지?

그렇게 보석과도 같은 너를 아빠가 제대로 돌봐주지 못했던 적도 있었어. 돌이켜보면 아빠의 걱정과 근심 그리고 욱하는 성격 때문이었지. 그때를 생각하면 왜 그랬을까, 왜 한 번 더 참지 못했을까 후회와 반성이 밀려와. 아빠가 앞으로 더 공부하고 노력하겠지만 만약 또 그러면 그때는 서원이가 따끔하게 아빠를 혼내줘. 그래야 아빠가 제대로 정신을 차릴 거 같으니까 말이야.

아마도 시간을 거슬러 올라가면 네가 갓난아기였을 때일 거야. 계속 칭얼대고 우는 너를 아무리 달래도 소용이 없길래 그만 욱하는 마음에 소리를 치면서 침대에 던진 적이 있었어. 물론 이불이 있어서 푹신한 침대였지만 침대에 떨어진 네가 놀라서 울음을 그치고 원망의 눈빛으로 나를 바라보는 거 같았어. 순간 내가 무슨 짓을 했지 싶으면서 후회가 물밀 듯이 밀려와 너를 다시 안아주긴 했지만 젖먹이 아기를 던졌다는 죄책감에 아주 힘들었어. 당연히 엄마한테도 비밀이었고.

그 외에도 여러 가지 후회되는 순간들이 많이 있었지. 한번은 롯데월드로 가는 차 안에서 정확히 무슨 일 때문인지는 기억이 나진 않지만, 자꾸 떼를 쓰고 울길래 운전에 방해가 된다는 생각에 그만 너를 향해 소리 지르며 손가락질했던 적도 있었고, 방에 널려져 있는 인형을 보고 화를 참지 못하고 그만 그 인형을 내던졌는데 그때 네가 인형이 '아야' 한다면서 던지지 말라고 울면서 말렸던 적도 있었지. 유치원 시절에는 밥 먹으면서 자꾸 음식을 흘린다고 다그치고 면박을 줬던 적도 여러 번 있었고, 한번은 다트 놀이를 하는데 표적에 제대로 못 던진다고 윽박지르며 억지로 던지게 했던 적도 있었고. 최근에는 아빠랑 영어과외 하다가 단어를 기억 못 하거나 발음이 이상하다고 짜증 내면서 수업을 그만뒀던 적도 있었잖아. 지금 편지를 쓰면서도 그 순간들이 생각나서 얼굴이 화끈거리고 정말 왜 그랬느냐는 생각이 들어 그저 미안하고 또 미안하다는 생각뿐이야.

어느덧 서원이도 만 10살 생일이 지났네. 그간의 10년 세월이 이렇게 빨리 지나간 것처럼 앞으로의 10년도 빠르게 지나가 언젠가는 어엿한 성인으로 엄마, 아빠 앞에 설날도 머지않아 오겠지. 아빠는 지금까지 똑똑하고 건강하게 잘 커온 서원이가 너무나 대견하고 고마워. 곧 너에게도 사춘기라는 반항과 혼돈의 시간이 오겠지만 아빠는 그러한 제2의 변화가 오히려 기대되고 한편으로는 어떤 모습일까 궁금하기도 해. 지금까지 엄마, 아빠의 보호 속에서 별 탈 없이 잘 컸지만, 이제는 몸도 마음도 성숙해지는 과정을 겪게 되면 본인도 왜 그런지 이유도 모른채 많이 힘들 수도 있을 거야. 한편으로는 엄마, 아빠도 다 지나온 터널이지만 지금은 환경과 상황이 너무 급변하다 보니 걱정이 앞서는 것도 사실이고. 설사 지금과는 완전히 다른 모습으로 네가 바뀐다 해도 그조차도 어른이 되어가는 자연스러운 과정이라 생각하고 마음 단단히 먹고 기다려 보려고 해. 물론 막상 그런 상황이 온다면 당황스럽고 쉽지는 않을 거라 생각하지만 아빠는 잘 해낼 자신이 있단다.

아빠는 앞으로의 10년도 기대가 돼. 너만 좋다면 초경 파티도 기꺼이 해 줄 생각이야. 성숙한 숙녀로 탈바꿈하는 멋진 순간이니까 당연히 기념해 야지. 그리고 가끔은 서원의 미래 남자친구는 어떤 친구일까 상상을 하기 도 해. 가능하면 운동을 좋아하고 너를 아껴주는 멋지고 듬직한 친구였으 면 좋겠어. 설사 그 친구가 너에게 상처를 주고 떠나버린다고 해도 너무 실망하지는 마. 아무리 힘들고 괴로워도 아빠는 항상 너의 옆에 있을 거니 까. 서원이가 믿고 의지할 수 있는 든든한 울타리이자 느티나무가 되어 주 는 게 이 아빠의 역할이잖아. 우리 서원이는 똑똑하고 현명하니까 잘 이겨 낼 거라 아빠는 굳게 믿고 있어. 화이팅~

이제 지난 10년 동안의 이야기를 담은 아빠의 육아일기 1부는 여기서 마무리하려고 해. 그동안 서원이가 아빠의 육아일기를 너무나 좋아해 줘 서 아빠는 지치지 않고 계속해서 여기까지 달려 올 수 있었어. 하지만, 여 기까지라고 해서 너무 실망하지는 말아. 지금이 앞으로 다가올 또 다른 10 년의 출발점이기도 하니까 말이야. 육아일기 2부도 기대해줘~

지금까지 아빠는 너를 키우면서 너무나 행복했고 기쁜 순간들이 많았단 다. 우리 서원이가 있어서 힘들도 어려운 일들도 잘 넘어갈 수 있었어. 덕 분에 그 모든 기억을 이제는 추억으로 간직하고 평생 꺼내 볼 수 있게 되 었네. 만약 이 육아일기가 정리되어 책으로 나온다면 제일 먼저 너에게 선 물해 줄 거야. 이 책의 주인공은 바로 서원이 너니까 말이야. 다만 서원이 에 대한 고마움과 사랑하는 마음을 이 육아일기에 모두 담을 수 없는 게 그저 아쉬울 뿐이야.

사랑하는 서원아, 아빠가 약속할게. 아빠는 지금처럼 언제까지나 서원이의 영원한 친구이자 든든한 지원군이 될 거라는 사실 말이야. 곧 다가올 서원이의 멋진 사춘기를 기다릴게. 그리고 이 편지가 끝이 아닌 또 다른 시작의 신호탄이 되길 바라며 아빠의 편지는 여기서 마칠까 해.

아빠 딸로 와줘서 고마워 그리고 많이 사랑해!

이 세상 최고의 행운아
서원이 아빠가

아빠 육아로 달라지는 아이의 행복

초판 1쇄 발행 | 2021년 11월 20일

지은이 | 김태형
펴낸이 | 김지연
펴낸곳 | 마음세상

주 소 | 경기도 파주시 한빛로 70 515-501
신고번호 | 제406-2011-000024호
신고일자 | 2011년 3월 7일

ISBN | 979-11-5636-468-9 (03590)

원고투고 | maumsesang@nate.com

* 값 13,300원

* 마음세상은 삶의 감동을 이끌어내는 진솔한 책을 발간하고 있습니다. 참신한 원고가 준비되셨다면 망설이지 마시고 연락주세요.